合江县气象服务手册

HEJIANGXIAN

QIXIANG FUWU SHOUCE

编写组成员：

陈以华　秦玉梅　上官昌贵

赵可可　阮腾飞　蒲小兰

武　伟　夏　语

U0301818

西南财经大学出版社
Southwestern University of Finance & Economics Press
中国·成都

图书在版编目(CIP)数据

合江县气象服务手册/《合江县气象服务手册》编写组编.—成
都:西南财经大学出版社,2018.4
ISBN 978 – 7 – 5504 – 3437 – 0

Ⅰ.①合…　Ⅱ.①合…　Ⅲ.①气象服务—合江县—手册
Ⅳ.①P451 – 62

中国版本图书馆 CIP 数据核字(2018)第 062057 号

合江县气象服务手册

《合江县气象服务手册》编写组　编

责任编辑:李晓嵩
责任校对:田园
封面设计:何东琳设计工作室
责任印制:朱曼丽

出版发行	西南财经大学出版社(四川省成都市光华村街 55 号)
网　　址	http://www.bookcj.com
电子邮件	bookcj@ foxmail.com
邮政编码	610074
电　　话	028 – 87353785　87352368
照　　排	四川胜翔数码印务设计有限公司
印　　刷	四川五洲彩印有限责任公司
成品尺寸	148mm×210mm
印　　张	8.875
字　　数	162 千字
版　　次	2018 年 4 月第 1 版
印　　次	2018 年 4 月第 1 次印刷
书　　号	ISBN 978 – 7 – 5504 – 3437 – 0
定　　价	48.00 元

《合江县气象服务手册》编写组成员

陈以华　秦玉梅　上官昌贵

赵可可　阮腾飞　蒲小兰　武伟　夏语

序

    合江县地处四川盆地南部、川渝黔接合部，隶属泸州市，因赤水河、长江交汇而得名，是长江上游最早设县的三个县之一，是"千年古县"，是长江出川第一港口县。合江县分布有娄山山脉中部向北延伸的两条半山脉和一些中、低断头山，地形南高北低。合江县内山脉为娄山山脉支系，从黔北延伸至县境南部，海拔在 1 000 米左右，最高山峰为福宝镇的轿子山，海拔 1 751 米。合江县东南部和西南部为中低山地，中部和西北部为平坝和丘陵地带，深丘占 1/2，浅丘占 1/3，低山地带占 1/5。海拔多在 200~300 米，最低为望龙镇下关河边 203 米，最高为福宝镇互爱村轿子山 1 751 米，高差 1 548 米。

    气象与人们的生产、生活紧密关联，而且 70% 的自然灾害都与气象有关，在全球气候变化异常的大背景下，影响合江县的暴雨、干旱、高温、连阴雨等气象灾害频发，气象灾害防御的形势愈加严峻，防灾减灾任务更加艰巨。党的十九大提出要"健全公共安全体系，完善安全生产责任制，坚决遏制重特大安全事故，提升防灾减灾救灾能力"。习总书记对防灾减灾救灾工作提出了"两个坚持，三个转变，一个提升"，即坚持以防为主、防抗救相结合，坚持常态减灾和非常态救灾相统一，努力实现从注重灾后救助向注重灾前预防转变，从应对单一灾种向综合减灾转变，从减少灾害损失向减轻灾害风险转变，全面提升全社会抵御自然灾害的综合防范能力。合江县委提出了"合江新时代三步走发展战略"部署，强力实施"工业强县、商旅活县"核心发展战略，努力推进经济社会持续健康发展。这些都对合江县气象防灾减灾和气象服务工作提出了新的要求。

为了避免或减少合江县因气象灾害造成的人员伤亡和财产损失，做好合江县气象灾害防御工作，促进合江县经济社会高质量发展，合江县气象局组织编写出版了这本《合江县气象服务手册》，旨在使大众了解气象知识和气象灾害避险常识以及如何减少气象灾害带来的损失等，从而提高公众防灾减灾意识和自我保护的能力，为合江县经济和社会建设做贡献。由于编者水平有限，加之时间、精力不足，缺乏经验，错误和不当之处在所难免，敬请批评指正。

目录

1 合江县气象概况

1.1 气象基本知识

1.1.1 天气术语

天气：某一地区在某一短时间内（几分钟到几天）大气中气象要素和天气现象的综合。

气温：空气温度，简称气温，表示空气冷热程度的物理量。气象台（站）一般所指的气温，是指百叶箱中离地1.5米高度处的温度表量得的空气温度。

降水量：降落在地面上的降水未经蒸发、渗透和流失而积聚的深度，以毫米（mm）为单位。降水分为液态降水（雨水）和固态降水（雪、冰雹）。

湿度：空气湿度，表示空气中的水汽含量和潮湿程度的物理量。

风：空气运动产生的气流，称为风。地面观测水平运动的风，用风向和风速表示。

能见度：能够从天空背景中看到和辨认的目标物的轮廓和形体的最大水平距离。

云：悬浮在大气中的小水滴、过冷水滴、冰晶或它们的混合体组成的可见聚合体，有时也包含一些较大的雨滴、冰粒和雪晶。

云量：天空被云遮蔽的部分占整个天空的比例，用"成数"表示，通常整个天空表示为十成。

阵雨：开始和停止都比较突然、强度变化大的液态降水。

零星降水：断断续续降水，24小时累计降水量不足0.2毫米。

间断降水：降水时下时停。

冻雨：过冷雨滴与地面或地物、飞机等物体相碰而即刻冻结的雨。

雾：近地面空中浮游大量微小的水滴或冰晶，常为乳白色或灰白色，使水平能见度下降到10.0千米以内。

降温：冷空气入侵或降雨等原因，致使气温下降。

风向：风的来向。

风速：单位时间内空气移动的水平距离。

瞬时风速：3秒钟的平均风速。

极大风速：某个时段内出现的最大瞬时风速。

最大风速：某个时段内出现的最大 10 分钟平均风速。

白天：8 时至 20 时。

夜间：20 时至次日 8 时。

个别地区：出现范围小于总范围 10%时。

局部地区：出现范围介于总范围 10%~30%时。

部分地区：出现范围介于总范围 30%~50%时。

大部分地区：出现范围超过总范围 50%时。

1.1.2 降雨量级

泸州地区降雨量级如表 1.1 所示。

表 1.1　　　　　　　　泸州地区降雨量级　　　　单位：毫米

等级	泸州地区标准
	24 小时降水量
小雨	0.1~9.9
中雨	10~24.9
大雨	25~49.9
暴雨	50~99.9
大暴雨	100~249.9
特大暴雨	≥250

1.1.3 雾的分级

雾的分级如表 1.2 所示。

表 1.2　　　　　　　　　雾的分级　　　　单位：千米

等级	水平能见度标准
轻雾	1.0≤水平能见度<10.0
雾	0.5<水平能见度<1.0
大雾	水平能见度≤0.5

1.1.4　风力的分级

风力的分级如表 1.3 所示。

表 1.3　　　　　　　　　风力的分级　　　　单位：米/秒

风力等级	名称	风速
0	无风	0~0.2
1	软风	0.3~1.5
2	轻风	1.6~3.3
3	微风	3.4~5.4
4	和风	5.5~7.9
5	劲风	8.0~10.7
6	强风	10.8~13.8
7	疾风	13.9~17.1
8	大风	17.2~20.7
9	烈风	20.8~24.4
10	狂风	24.5~28.4
11	暴风	28.5~32.6
12	飓风	>32.6

注：本风速是指平地上离地 10 米处的风速值

1.1.5　气候术语

气候：某一地区较长时间内气象要素和天气过程的平均或统计状况，包括平均状态和极端状态，通常主要反映某一地区冷暖干湿等基本特征。

春季：上半年连续5天平均气温稳定达到10℃以上而低于22℃时，为春季。对气候资料进行统一计时一般用3月1日—5月31日。

夏季：连续5天平均气温稳定大于22℃，为夏季。对气候资料进行统计时一般用6月1日—8月31日。

秋季：下半年连续5天平均气温稳定在10~22℃，为秋季。对气候资料进行统一计时一般用9月1日—11月30日。

冬季：连续5天平均气温稳定在10℃以下，为冬季。对气候资料进行统一计时一般用12月1日—次年2月28日。

初霜：下半年第一次出现的霜。

终霜：上半年最后一次出现的霜。

干旱：由于长时间降水偏少，造成空气干燥、土壤缺水、江河流量显著减少甚至断流，使工农业生产和人民生活受到影响。

春旱：3—4月，连续30天降水总量<20毫米。

夏旱：5—6月，连续20天降水总量<30毫米。

伏旱：7—8月，连续20天降水总量<35毫米。

秋干：秋季降水量距平百分率小于等于-20%或9月降水量小于等于75毫米。

冬干：12月—次年2月，冬季降水量距平百分率小于等于-20%。

连旱：发生的跨类干旱（包括春夏连旱、春夏伏连旱、夏伏连旱）。

洪涝：由于暴雨引发洪水和积涝，使工农业生产和人民生命财产等受到明显影响。

高温日：日最高气温大于等于35℃或日平均气温大于等于30℃。

高温期：高温日连续3天或以上的时段。

秋绵雨：秋季，连续7天或以上日降雨量大于等于0.1毫米。

1.1.6 农业气象术语

农业气象灾害：一般是指农业生产过程中发生的导致减产的不利天气或气候条件的总称。

农业气象干旱：因降水量长时期持续偏少，造成空气干燥，作物蒸腾强烈，致使农作物体内水分发生亏缺，影响其正常生长发育或导致减产的灾害。

土壤干旱：由于土壤缺水，作物根系不能吸收足够的水分以补偿蒸腾消耗造成的危害，致使体内水分状况恶化。

湿害：雨水过多，导致土壤水分长期处于饱和状态使作物遭受的损害，又称渍害。

洪涝灾害：雨量过大或降雨过于集中，导致农田积水或引起山洪暴发、河水泛滥，淹没农田园林，使作物受到损害，毁坏农舍和农业设施等。

连阴雨：持续较长时间对作物的播种、生长发育、开花授粉、成熟以及收获、晾晒等农事活动带来不利影响的阴雨天气。

春季连阴雨：发生在3—5月的连阴雨。

夏季连阴雨：发生在6—8月的连阴雨。

秋绵雨：发生在9—11月的连阴雨。

高温热害：由于气温超过植物生长发育上限温度对植物生长发育及产量造成损害的现象。

高温逼熟：在高温条件下，籽粒灌浆的过程明显缩短，导致籽粒充实度变差、秕粒率增加的热害。

干热风：由于气温高、湿度小，再加上风吹，使植物蒸腾急速增大，植株体内水分失调，导致农作物秕粒增多甚至枯死的灾害。

高温低湿型干热风：作物在生长发育期，同时受高温、低湿和一定风力影响而减产的灾害。

雨后热枯型干热风：由于雨后高温，使作物青枯，千粒重下降的灾害。

灼伤：林木幼苗或幼树根茎受表层土壤高温危害的现象。

低温冻害：作物、果树林木及牲畜在越冬期间因遇到0℃以下或长期持续在0℃以下温度造成植株死亡或部分死亡，对牲畜引起疾病或死亡等现象的低温灾害。

霜冻：在作物生长期内，土壤或植物株冠附近的气温短时降至0℃以下，引起作物受害或死亡的低温灾害。

低温冷害：作物在关键生育期，温度虽在0℃以上，但低于其适宜范围，引起作物生育期延迟，或使生理机能受到损害，造成减产。受灾后作物外观无明显变化，素有"哑巴灾"之称。

春季低温：春季日平均气温小于等于12℃并持续4天以上的低温，易造成早稻烂秧。

初夏低温：5月中旬至6月上旬日平均气温小于等于20℃并持续3天以上的低温，影响早稻抽穗杨花授粉，出现异常空壳率。

秋季低温：秋季日平均气温小于等于20℃并持续3天以上的低温，影响再生稻抽穗杨花而导致减产。

倒春寒：在春季天气回暖过程中，前期气温正常或偏高，后期气温比常年明显偏低而对作物造成危害的一种冷害。

寒露风：秋季冷空气入侵引起明显降温而使作物减产的一种冷害。

雹灾：由于降冰雹造成作物受到机械损伤，破坏作物正常生长机能或打落果实，导致减产甚至绝收，或造成人畜伤亡和农业设施受损。

无霜期：一年内终霜冻日至初霜冻日之间的持续日数。

1.2　合江县气候概况

1.2.1　合江县光、热、水气候资源

合江县地处泸州市东面浅丘，冬半年主要受大陆干冷空气团的控制，夏半年主要受西太平洋副热带高压和青藏高原高压控制，属亚热带湿润季风气候。合江县全年气候温和，四季分明，雨量充沛，光照一般，无霜期长，雨热同季，昼夜温差小。合江县春季气温回暖早，但不稳定，冷空气活动频繁；夏季炎热，降水集中分布不均，旱涝交错；秋季温光资源充足，偶有冷空气来袭；冬季微寒，寡照，湿度大，间或有霜、雪发生。

合江县年平均气温为 18.0℃，最冷月平均气温为 7.9℃，最热月平均气温为 27.2℃，气温年较差 19.3℃，历年极端最高温度为 43.4℃（2011 年 8 月 17 日），极端最低温度为-2.2℃（2006 年 1 月 9 日）。全年无霜期 356 天。年平均降雨量为 1 122.2 毫米，降水主要集中在 5—10 月，占全年的 76%。年平均相对湿度为 83%，最小相对湿度为 16%。年平均日照时数为 1 160.2 小时，占可照时数的

26.2%。年平均风速 1.4 米/秒，最多风向是北风。年平均蒸发量 916.1 毫米。年平均雷暴日数 38 天。年平均雨日176 天。

1.2.2 四季气候特征

根据合江县自然生态系统特征、农事活动、物候现象，选用日平均气温稳定在 10~22℃ 为春季，日平均气温稳定大于 22℃ 为夏季，日平均气温稳定在 22~10℃ 之间为秋季，日平均气温稳定小于 10℃ 为冬季。以下分季气候特征数据资料来自合江县 1981—2010 年的气候统计资料。

1.2.2.1 春季气候特征

春季的起止时间是 3 月 5 日—6 月 11 日，历时 99 天，占全年时间的 26.8%。春季的降雨量为 331.6 毫米，占全年降雨量的 29.55%；日照时数为 363.3 小时，占全年日照时数的 31.3%。合江县春季气温回暖较快，由于春季是大陆气团和海洋气团交换的季节，气温不稳定、忽高忽低，常有寒潮天气，全年的寒潮有 60% 发生在春季，寒潮可导致烂秧、烂种的发生，影响水稻等大春作物的适时移栽，给农业生产带来危害。合江县春季常出现连晴导致气温快速回升，但是昼夜温差大，最大气温日较差曾达到 19.2℃（1998 年 4 月 17 日），午后出现强对流天气，合江县的风雹天气多出现在 3—4 月。

气温回升快，冷热变化剧烈。春季地面吸收的热量多于支出,温度迅速上升,早春最为明显。升温快,有利于农作物萌芽、生长,但使春播有利时间缩短,加速土壤蒸发,旱情加剧。此外,春季温度的年际变化很大,春季开始时间早晚最多可差1个月左右。

多冷空气活动,时有霜冻危害。春季是冷空气频发的季节。较强冷空气入侵常使已经回升的气温又急剧下降,最大降温幅度可达19.2℃(1998年4月17日),造成严重的回寒和霜冻。

降水变化大,偶有春旱发生。春季降水量占比小,并且年际变化大,偶有春旱发生。

偶有风雹天气。合江县春季季节内气温变化大,午后偶有冰雹、大风等强对流天气发生。

1.2.2.2　夏季气候特征

夏季的起止时间是6月12日—9月13日,历时94天,占全年时间的25.5%。初夏时青藏高原高压活动频繁,常出现连晴少雨天气,造成夏旱,对已栽种的水稻等大春作物生长不利。盛夏期间,西太平洋副热带高压西伸北抬,造成高温少雨的伏旱天气,给农业生产造成较大的损失。夏季降雨量为480.23毫米,占全年降雨量的42.79%;日照时数为495.75小时,占全年日照时数的42.73%,最热月平均气温27.2℃,38℃的高温天气主要出现在7—8月,雨热同季。夏季气候炎热、持续时间长,南下冷空气常与偏南暖湿气流相遇,形成较大降水,常出现暴雨,造成洪涝灾害。由于高空输入的水汽较多，夏季降水量为全年最多，并且多阵性降雨，暴雨、雷雨大风等灾害性天气主要集中在夏季的阵性降雨中。

气候炎热，雨热同期，降水集中。夏季气温年度之间变化大，最热月7—8月月平均气温27.2℃。降雨多出现在午后、傍晚。夏季降雨量占到全年降雨量的42.79%，暴雨次数占全年暴雨次数的78.5%。夏季降雨虽多，但时空分布不均，常常出现旱涝急转。夏季常常因暴雨导致山洪暴发、河水暴涨，因此暴雨洪涝是合江县最主要的气象灾害之一。

多阵性风、雨、雹天气。夏季大气结构极不稳定，常有小股冷空气入侵，偶有阵性风、冰雹天气。夏季大风发生次数虽较多，但多为阵性大风，持续时间不长，一般破坏性不大，风灾相对于暴雨来说较轻。夏季还因热力不稳定，午后多雷阵雨。

1.2.2.3 秋季气候特征

秋季的起止时间是9月14日—12月3日，历时81天，占全年时间的22.5%，秋季雨量明显减少，常有秋绵雨发生，气温逐步下降。秋季北方冷空气开始南侵，在云贵高原的阻挡下，冷暖气流汇于川南上空一带，造成合江县低温阴雨天气，形成"一场秋风一场寒"，给秋收秋种带来不利影响，同时也不利于秋收作物有机物质的积累，影响产量和品质。气温下降后，升温不明显，天气渐渐转凉。秋季降雨量为 207 毫米，占全年降雨量的 18.45%；日照时数为 178.57 小时，占全年日照时数的 15.39%。

降温迅速、雨量减少。入秋后，气温下降快，9 月平均气温比 8 月平均气温下降 5~6℃，10 月平均气温又比 9 月平均气温下降 4~5℃。入秋后，强对流天气大为减少，降水也迅速减少。9 月初寒潮开始活动，秋季寒潮次数占全年寒潮次数的 21.7%。随着秋季气温的下降，雾霾相继出现。

1.2.2.4　冬季气候特征

冬季的起止日期是 12 月 4 日—3 月 4 日，历时 91 天，占全年时间的 25.2%。冬季降雨量为 102.91 毫米，占全年降雨量的 9.17%；日照时数为 122.55 小时，占全年日照时数的 10.56%。一般月平均气温为 7~10℃，气温偶尔低于 0℃，无严寒。受北方干冷空气影响，有寒潮发生，寒潮发生比例占全年的 18.3%。降雨量少，湿润，寡照，偶有霜冻、降雪发生，是合江县冬季气候的特点。冬、春少雨常常导致开春农业生产用水困难的问题出现。

1.3　气候变化

当前，全球气候正经历一次以变暖为主要特征的显著变化,使得极端天气气候事件(干旱、洪涝等)的出现频率增多、强度增加,人类活动加剧了全球50多年的普遍增温。在此背景下,持续的气候变暖已经对全球的生态系统及社会经济系统产生了明显而又深远的影响,极端天气气候事件的频繁发生及气候突变发生的潜在可能性使人类的生存和发展面临着巨大挑战,气候变化将对农业、水资源、生态环境等产生负面影响。气候变化具有很强的地域特征,在全球变暖的大背景下,各地的变化趋势和强度并不一致。近年来合江县的极端天气气候事件频发,对经济和社会发展带来了严重的影响,因此研究合江县的气候变化特征,是预估未来气候演变趋势和极端天气气候事件的强度和频率的基础。本部分将利用合江县气象局1961—2010年的气温、降雨、日照观测资料进行分析。

1.3.1 合江县1961—2010年气象要素变化情况分析

1.3.1.1 温度变化分析

从图1.1可以看出,合江县1961—2010年气温变化的复杂性,年均气温的变化并不是单一线性的升温,而是具有振荡性的缓慢升温,气温升高是总趋势。其中,20世纪80年代开始气温上升更为明显。从图1.2可以看出,从20世纪90年代中叶开始,春、秋、冬季升温明显,而夏季温度呈现略微下降的趋势。

通过图 1.1 图 1.2 的综合分析可以得知合江县温度变化趋势为年平均气温升高是总的趋势，各个季节的温度变化趋势并不一致，"暖冬凉夏"的异常气候可能是近几年气温变化的趋势。

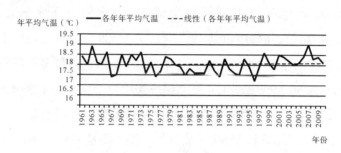

图 1.1　1961—2010 年合江县年平均气温变化折线图

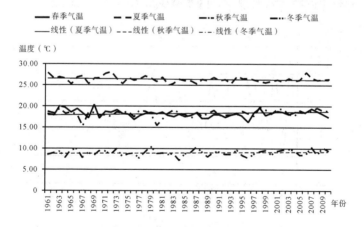

图 1.2　1961—2010 年合江县四季温度变化折线图

1.3.1.2　降水变化分析

图 1.3 是合江县 1961—2010 年的各年降水折线图，从离散点的走势可看出合江县 1961—2010 年的降水趋势是减少的，减少最为明显的时段和温度升高的时间相吻合，也是 20 世纪 90 年代开始减少明显；降水的年际变化大，50 年间最大年降雨量是 1962 年，为 1 529.6 毫米，而降雨量最少的年份在 1963 年，仅有 867.1 毫米，占最多年份降雨量的 56.69%。图 1.4 是 1961—2010 年合江县各年暴雨次数，通过滑动平均处理的折线图可以看到，暴雨次数明显增加也是从 20 世纪 90 年代开始。图 1.5 是 1961—2010 年合江县四季降水变化折线图，可以看出冬季降水变化不大，春秋季的降水略有减少，降水减少最为明显的还是夏季。

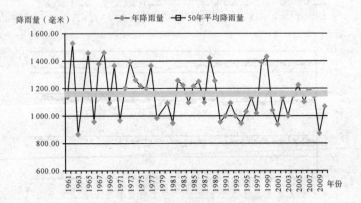

图 1.3　1961—2010 年合江县各年年降雨量

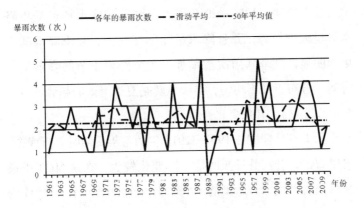

图 1.4　1961—2010 年合江县各年暴雨次数

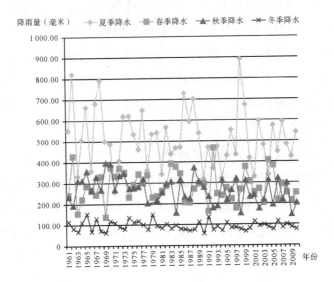

图 1.5　1961—2010 年合江县四季降水变化折线图

综上所述，1961—2010 年，合江县的降水特点是年降水量呈减少趋势，并且降水量年际变化大，夏季降水减少更为明显，夏季暴雨次数增加，主要降雨季节的降雨量在时间上分布更加不均匀，旱涝急转是夏季降雨的趋势。

1.3.1.3 日照变化分析

图 1.6 是合江县 1961—2010 年的每年日照时数折线图，可以看出，合江县日照时数年际变化较大，在这 50 年中最长日照时数为 1971 年的 1 532.1 小时，最短日照时数为 1996 年的 954.5 小时。合江县的年日照时数总体呈减少的趋势，1970—2000 年的多年平均日照时数占可照时数的28%，1980—2010 年的多年平均日照时数占可照时数的26%。从图 1.7 合江县 1961—2010 年四季日照时数折现图可以看出，合江县春季的日照时数变化趋势不太明显，秋季的日照时数略有增加的趋势，夏季和冬季的日照时数减少较为明显。

通过以上的分析，可以看出，合江县的气候变化总体规律可以用 2016 年世界气象日的主题来概括——"更热、更旱、更涝"。从 1961—2010 年的气候变化可以看到合江县近期的气候趋势是降雨总量减少、气温升高、旱涝急转的频率升高。

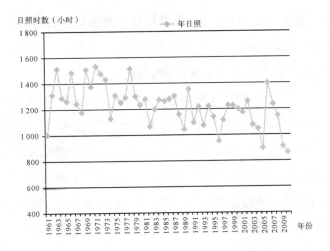

图 1.6　1961—2010 年合江县各年日照时数

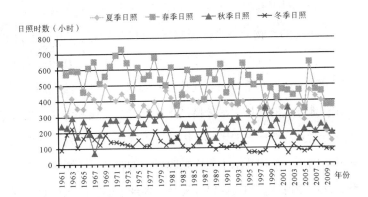

图 1.7　1961—2010 年合江县四季日照时数折线图

1.3.2　气候变化的原因

引起气候系统变化的原因有多种，概括起来可分成自然的气候波动与人类活动的影响两大类。前者包括太阳辐射的变化、火山爆发等；后者包括人类燃烧化石燃料及毁林引起的大气中温室气体浓度的增加，硫化物气溶胶浓度的变化，陆面覆盖和土地利用的变化等。

一种气候取决于太阳辐射、大气环流和地理环境等因素。太阳辐射是地球上唯一的能量来源。大气中所发生的一切物理过程都是在太阳辐射的影响下产生的。太阳辐射随时间和空间变化的规律是形成气候地带性和周期性变化特征的最直接和最基本的原因。例如，地球轨道变化会导致气候变化，但是这种气候变化的周期比较长。大气的存在，使得到达地面的太阳辐射变得复杂起来。到达地面的太阳辐射的重要作用在很大程度上是通过热量平衡实现的。大气环流主要是太阳辐射在地球表面分布不均的产物，是直接控制气候过程的因素。由于热力、动力的作用，空气产生大规模的运动，形成了大气环流。因受海陆分布、地形和下垫面其他特性的影响，大气环流也趋于复杂化。地球上的热量、水分借助于环流进行交换和输送，使异地气候受到其他地方的影响。因此，大气环流是气候形成的又一基本因子。地理环境不仅影响辐射能的收支，还影响环流形势，从而使地球上的气候错综复杂。地球上的实际气候状况就是在辐射、环流和地理环境三个因子的长期相互作用下的结果。辐射、环流、地理环境任一个因素发生改变都将引起气候的变化。

人类活动加剧了气候变化的进程。前面分析了合江县近年来的气候变化，这种几十年的气候变化是短期的气候变化。在这个时间尺度上太阳活动的改变或地球轨道的变化导致辐射能量的变化因素是比较小的。其引起气候变化的主要原因是地理环境的变化，是大气成分的变化改变地球热量的收支变化而导致的气候变化。其最直接的原因是人类活动导致的大气中温室气体浓度的增加，改变了地球原本的热量交换的量。

人类活动改变温室气体浓度的主要途径为燃烧化石燃料、硫化物气溶胶浓度的变化、陆面覆盖和土地利用的变化（如毁林引起的大气中温室气体浓度的增加）等。排放的温室气体主要有 6 种，即二氧化碳（CO_2）、甲烷（CH_4）、氧化亚氮（N_2O）、氢氟碳化物（HFC_S）、全氟碳化合物（PFC_S）和六氟化硫（SF_6）。其中，对气候变化影响最大的是二氧化碳。主要是因为二氧化碳的排放量最大，其产生的增温效应占所有温室气体总增温效应的63%。二氧化碳在大气中的存留期很长，最长可达到200年，并充分混合，因而最受关注。

温室气体的增加主要是通过温室效应来影响全球气候或使气候变暖。地球表面的平均温度完全取决于辐射平衡，温室气体则可以吸收地表辐射的一部分长波辐射，从而引起地球大气的增温。也就是说，这些温室气体的作用犹如覆盖在地表上的一层棉被，棉被的外表比里表要冷，使地表长波辐射不至于无阻挡地射向太空，从而使地表比没有这些温室气体时更为温暖。

自1750年以来，由于人类活动的影响，全球大气二氧化碳、甲烷和氧化亚氮等温室气体浓度显著增加。目前，全球大气二氧化碳浓度为 385ppm（百万分比），已经远远超出了工业化前 65 万年以来的自然变化浓度范围，是 65 万年以来最高的。根据多种研究结果证实，过去 50 年观测到的大部分全球平均温度的升高有非常高的可能性是由于人为温室气体浓度的增加而引起的。

1.3.3　气候变化的影响

在降水量下降的情况下，气候变暖使农业生产条件改变，农业成本和投资大幅度增加。冬季气温偏高，会加速土壤水分的蒸发，对春耕、春播不利，直接影响农作物的出苗率和正常生长。农作物病虫卵更容易越冬生存，并在春天大量繁殖，使农业病虫害加重。春季气温偏高，使作物发育期提前，抗寒能力降低，春霜冻危害加重，造成粮食减产。积温增加，使蒸发量加大。

气候变暖，蒸发量加大，使原本就紧缺的地表水资源量更加匮乏。特别是气候变暖使作物生长季延长，农业对水的需求量不断增加，水资源供需矛盾更为突出。

冬春季气温偏高，各种病菌、病毒趋于活跃，动物之间、动物与人之间的疫病更易滋生和传播，对人类健康的威胁和危害加重。

气候变暖会导致高温、干旱、洪涝、沙尘暴、森林火灾等极端天气气候事件发生的频率和强度增加，加剧草原、农田的荒漠化程度，由这些极端事件引起的后果也会加剧。

气候变暖对合江县农业生产也有有利的一面。首先，热量资源增加，可以引种一些喜温作物，促进农业的增产、稳产。其次，冬季温度高、日照足，有利农作物的生长，特别有利于合江县的荔枝的越冬。最后，冬季气温偏高对于节约能源、交通运输、农田水利建设等都非常有利。

1.3.4 气候变化的对策

第一，加强对气候变化的研究，建立健全科学高效的气象防灾减灾预警保障和应急体系。

第二，加密建设并不断完善区域大气监测自动站网系统，提高应对极端天气、气候突发事件的能力，建立水利、气象、城建等部门信息共享系统，发挥防灾减灾综合效益。

第三，进一步完善人工影响天气系统，大力开发空中云水资源，增加有效降水。

第四，适应气候变化，调整农业结构，优化作物布局，根据当地自然条件、生态环境特点发展生产，宜农则农，宜林则林，防止森林减少、水土流失；进一步加强农田水利工程建设，统一规划农、林、牧业用水，大力提倡节约用水，发展节水农业。

第五，合理开发气候资源，提高大气降水、太阳能、风能等可再生的清洁资源的利用率，促进经济社会和生态建设的可持续发展。

2 合江县概况

2.1 地理位置及地貌状况

合江县位于四川省东南部，隶属于泸州市，在赤水河与长江交汇三角地带。合江县地理坐标为东经 105°32′ 至 106°28′，北纬 28°27′ 至 29°01′。合江县东北部与重庆永川、江津接壤，南连贵州赤水市、习水县，西临泸州市江阳区、纳溪区、泸县，西南角接叙永县。合江县地处长江上游，属四川盆地边缘地带，地势南高北低。

合江县地貌分布为娄山山脉尾部的两条半山脉和一些中、低断头山。东西长 81 千米，南北宽 61 千米，地形呈肺叶状。地势由西北向东南逐渐升高，长江从西向东流经西北部，赤水河、大小槽河把合江县切割成丘陵和坪状低山形，使褶皱而成的背斜层和向斜层发生地形倒置现象，地质构造属向斜成山、背斜成谷的平行褶皱地势。按褶皱起伏程度从东南至西北依次为中山、低山和丘陵地貌。海拔多在200~300米范围，最低点在望龙镇下关桥村高洞溪长江出境处，海拔高程203米；最高点在福宝天堂坝轿子山，海拔高程1 751米，高差1 548米。合江县地貌分为以下四种类型：

沿河台阶地貌：由河流下切，陆地相对上升而成，海拔高程一般为210~300米，主要分布在长江两岸。

浅中丘宽谷地貌：包括长江以北全部地区和长江以南部分地区。长江以北背斜轴部呈条状山，两翼为馒头山，海拔高程300~400米，相对高差15~40米，形成浅丘宽谷地貌；长江以南沿河挨山部分和西部大部分地区三个背斜两个向斜组成的三槽两山地貌，一般谷宽80~150米，海拔高程300~420米。

深丘中谷地貌：主要分布在长江以南各向斜低山下部和背斜翼部，组成单斜深丘地貌，海拔高程300~500米，山丘相对高差100~200米，丘间冲谷宽20~80米，丘顶多为薪炭林或针阔叶混交林，山丘中下部为耕地，亦是主要农业区。

低中山窄谷地貌：大地构造属川东台地西南缘，包括东部的小槽河地区和东南部的大槽河地区，均属大斜向坪状中山地貌；西南部的石顶、顶子、龙洞、锁口、农会、识字地区属单斜低山地貌。上环地（海拔700米以上）泥岩易风化，砂岩上覆厚，天然植被茂密，涵蓄水分较多；下环地（海拔 700 米以下）为灰紫、灰白长石砂岩，钙质石英砂岩及棕紫色泥岩互层，风化后形成的土壤比较肥沃，是中、低山区的农业区域。

2.2 河流水系及水资源

合江县境内河溪纵横，水资源丰富。长江、赤水以及汇入这两大水系的 104 条河溪像血脉一样，密布在"肺叶"左右两侧。合江县主要河流情况如下：

2.2.1 长江

长江发源于青藏高原唐古拉山北麓，干流经过 11 个省（市、区），在上海市区入海，全长约 6 300 千米。长江上游从合江县西北方向的神臂城镇大岸溪入境，入境点海拔高程 216.4 米，经白沙镇、大桥镇、望龙镇、白米镇、合江镇、榕山镇共六镇至北面望龙镇下关桥村高洞溪出境，出境点海拔高程 203 米。长江流经合江县境内长 64 千米，高差 13.4 米，平均流量为 8 629 立方米/秒，年径流量为 2 624亿立方米，平均输沙率为 1.19 吨/秒，年输沙量为 3.75 亿吨。长江是合江县水上的主要交通航道，也是工业和城镇人畜饮用水的主要水源。

2.2.2 赤水河

赤水河古称赤旭河、大涉水、安乐水、齐朗水、安乐溪、之溪等，因暴雨之后，水色黄赤而得名赤水河。赤水河发源于云南省镇雄县鱼洞乡大洞口，流经云、贵、川三省，在合江县西南九支镇截角垭入境，入境点海拔高程227.6 米，流经九支镇、车辋镇、先市镇、实录镇、密溪镇、合江镇。赤水河在合江县县城的南关上处汇合流入长江，汇合口海拔高程 210 米，干流全长 450 千米（合江县境内长 62 千米），流域面积为 20 440 平方千米。赤水河海拔高差 17.6 立方米/秒，年径流总量为 101 亿立方米，常年平均流量为 260 立方米/秒。汛期含沙量为每立方米 0.93 千克，年输沙量达 718 万吨。赤水河是合江县和黔北主要航道，负担着贵州省赤天化厂等单位的大部分运输任务，也是合江县城镇和工业主要用水源之一。

2.2.3 18 条较大河流

合江县可开发的水力资源主要分布在这 18 条河流上，已建电站和规划的电站都在这 18 条河流上。已开发的水力资源和未开发的水力资源又主要分布在大、小漕河流上，已形成梯级开发。在这 18 条河流上分布着 86 条小支流，它们均分别流入长江和赤水河。

2.2.4 86条小支流

除上述18条河流外，还有86条小支流，其中分布在赤水河的小支流有27条。从上游到下游依次为九支镇的汪漕河、全溪，沙溪河上的黄大桥、雷沟、城隍坳溪、两岔河，二里乡的北斗溪、巫溪，车悯镇的白水溪，墩子河上的小王溪、大王溪，佛龙溪河上的识字河、马小溪、先市后河，先市镇的毛领溪，合江镇的清乾沟、雪里溪，密溪河上的常桥溪，习水河上的磨刀溪、洞子上、河坝头、平滩河、桥头上、明滩子、三花溪、李子沟、龙潭溪。长江上的小支流共有59条，从上到下依次为神臂城镇的大岸溪、观音溪、洞溪，望龙镇的鹿角溪、洗马溪、新桥河、高洞溪，大桥镇的黄溪，白米乡的岁纠溪，大殿溪河上的双龙桥河，榕山镇的小殿溪，盐井沟河上的唐沟、桐子溪、纸槽沟，小漕河上的崇溪沟、茶溪沟、虎头沟、峡口溪、龙潭沟、响水洞、梅溪沟、慈竹沟、白水口、岩峰洞、弥佗寺、黄背溪、倒石桥、蔡家沟、石牛洞、麻子溪、燕儿塘，大漕河上的土漕、陈家河、板桥沟、兰家沟、桥溪、扁担溪、磨升溪、淘饭溪、跳蚤溪、干溪、猿猴溪、墩溪、柑溪、白色溪、鲤鱼溪、鸭蛋溪、建农溪、顺阳溪，塘河上的裁缝沟、两从滩溪、通树滩溪，等等。

2.2.5　径流

合江县境内多年平均水资源总量为 27 943 279 万立方米。其中，地表水资源总量为 173 173 万立方米，地下水资源总量为 28 076 万立方米，过境水资源总量为 27 742 030 万立方米。

2.3　土壤植被类型

根据《全国第二次土壤普查工作分类暂行方案》的规定和要求，合江县土壤划分为 5 个土类，18 个土属。

2.3.1　水稻土类

水稻土类包括 8 个土属，面积 666 389 亩（1 亩 ≈ 666.67 平方米，下同），占总耕地面积的 60.65%，占总土类面积的 28.76%，分布于合江县各地，其中以丘陵区面积最大。水稻土类主产水稻、小麦、油菜、红薯（红苕）。

2.3.2　潮土类

潮土类包括 2 个土属，面积 3 457 亩，占总耕地面积的

0.31%，呈条状分布于海拔 203~300 米的长江、赤水河一级阶地和合江县境内各中小溪河的沿岸。其光热、水资源丰富，属高肥力土壤类型。潮土类以主产小麦、玉米、红薯（红苕）三熟间豆类蔬菜作物为主。

2.3.3 紫色土类

紫色土类包括 5 个土属，面积 428 231 亩，占总耕地面积的 38.98%，分布于海拔 203~1 000 米的丘陵河谷及中低山区。紫色土类主产小麦、玉米、红薯（红苕）、胡豆、豌豆、黄豆、高粱、甘蔗、花生、烟草、柑橘、荔枝等。自然植被为亚热带常绿阔叶林，主要有竹类、柏树、樟树、杨槐、青枫等。

2.3.4 黄壤土类

黄壤土类包括 2 个土属，面积 361 254 亩（其中林地 360 645 亩，占合江县林地面积的 26.90%），集中分布于合江县境内海拔 1 000~1 500 米大小槽河中山地带，浅丘河谷地也有零星分布。黄壤土类主产小麦、玉米、红薯（红苕）、黄豆、海椒、蔬菜等。自然植被以松、杉、楠竹、丝栗为主。

2.3.5 黄棕壤土类

黄棕壤土类土层较厚，有机质含量高，表层土壤养分

含量丰富，但山高、日照少，不宜农业种植。黄棕壤土类
分布于自怀、福宝海拔 1 600 米以上的向斜中山地带，面积
1 575 亩，占中山区林地面积的 0.21%，是合江县最重要的
林业区域。自然植被有桦、水青枫、槭、苦茶连、漆树、青
枫、箭竹、杜鹃灌丛等多种植物。

2.4　农、牧、林、渔业结构

合江县是农业大县，全县总人口 90 万人，其中农业人
口 76 万人，耕地面积 57.22 万亩，森林面积 217.81 万亩，
森林覆盖率 55%，随着近年来退耕还林工作的开展，森林
覆盖率将进一步提高。2015 年，合江县农、林、牧、渔业
总产值为 56.87 亿元，其中农业总产值 28.67 亿元、林业总
产值 2.45 亿元、牧业总产值 22.32 亿元，从 2015 年总产值
的占比来看，农业和牧业在大农业的发展中占有绝大部分
的比例。

合江县农业发展瞄准现代农业、绿色农业发展方向，
将农业结构调整、发展规模经营、促进产业融合等作为重
要抓手，大力推进农业供给侧结构性改革。合江县农业将
继续开展粮油高产创建，狠抓特色产业发展，全面推进现

代农业进程。合江县着力构建以"三区四带"为主的农业产业发展格局,加快打造长江现代农业示范园、密溪真龙柚产业园等辐射带动的现代农业示范区。

合江县林业用地面积 203.7 万亩,公益林面积 93 万亩(天然林 65 万亩),森林活立木蓄积量 593 万立方米,森林覆盖率达 54.48%。合江县已初步形成 30 万亩优质竹、30 万亩短周期工业原料林和 37 万亩荔枝、真龙柚特色经果林产业示范区。合江县境内有国家森林公园 1 个、国家 3A 级风景名胜区 1 个。合江县森林主要分布在福宝、自怀、先滩、榕右、凤鸣、车辋 6 个乡镇的深丘地带,其中自怀、福宝森林面积占合江县森林总面积的 50%。林业产业发展以竹木、林下种植为主。

合江县是生猪养殖大县,2015 年出栏生猪 77.5 万头。其他畜禽养殖以家禽、黑山羊养殖为主。

2.5　地质构造特征

合江县地处四川台向斜南缘古蔺(川南)山字形脊柱东缘与长宁、习水纬向构造复合带,由于两构造体系相互直交的叠加应力场作用,区内岩层稍变拗折,可见近南北向的顺江至石龙间的鹅公向斜、两河至甘雨间的塘河背斜、榕山至白鹿间的木广场向斜、觉悟至堰坝间的合江背斜、真龙至合江县城间的笔架山向斜以及尧坝至先市间的庙高寺背斜，在江北望龙至化育间发育有北东至南西间的李子坝东凸弧形背斜，县城西南有锁口至龙会间北西至南东向的沙溪庙向斜以及顶子至五通间的五通场背斜。新生代以来，本区受南侧高原抬升牵动而显示为上升趋势，但岩层倾斜度不大，倾角一般为5~10度，并且无断裂破坏，构造节理亦不发育，属构造简单区。

长江以北地质构造属新华夏体系第三沉降带四川盆地南缘的褶皱带内，境内由笔架山向斜延伸部分和走向为西北的中心场弧形背斜东翼与李子坝弧形背斜组成。由于褶曲和缓，不足形成背斜成山、向斜成谷的地貌形态，地表仅出现波状起伏的浅丘地形。

长江以南属倒陷地层部分，受川黔南径向构造体系和筠连、赤水横行构造体系的交错影响，形成不连续各具独立制高点的中低山地形，南边地形向北与长江之间形成倾向于长江的丘陵地带。

塘河背斜：南从福宝起，向北经黄桷、甘雨、马庙至江津塘河镇境内，岩层倾角3~9度。

合江马街背斜：从马街起，经堰坝、凤鸣至九层，岩层倾角5度。

庙高寺背斜：南从石佛起，经二里、先市、新殿、中音、沙坎、佛荫、旭照至长江北岸燕坪止，岩层倾角3~5度。

笔架山向斜：从丁山起，经实录、真龙、密溪、文桥、牛脑驿至北寨山止，岩层倾角4~5度。

木广场向斜：南从贵州省赤水市官渡起，经虎头、榕右、白鹿、水竹西部延伸至江津杨柳乡境内，岩层倾角6度。

合江县县城南部边缘为五通场背斜，呈东西走向，直达贵州省赤水市境内，两侧残存两大片东西向单斜低山。

合江县县城东部的大小槽河地区，为大娄山褶皱北缘向西南延伸的尾部，由白垩系夹关组地层构成南北走向的坪状中山地貌。

合江县地质构造特点：地形地貌长江以北属川东南弧形构造带的华蓥山帚状褶皱束，向西南逐渐散开延伸至县境内的一部分，为背斜成山、向斜成谷正构造地形。长江以南因受先天性造山上升运动和后天性长期严重冲刷侵蚀，形成向斜成山、背斜成谷负构造地形。

2.6　社会经济条件

合江县辖区面积 2 422 平方千米，辖 27 个乡镇，284 个村，3 497 个社，总人口 90 万人，其中非农业人口 19.5 万人，农业人口 76 万人。合江县现有耕地面积 106.94 万亩，其中田 74.84 万亩，占耕地面积的 69.98%；土 32.1 万亩，占耕地面积的 30.02%。2016 年，合江县居民人均可支配收入 16 950 元，比上年增长 9.1%。按常住地分类，农村居民人均可支配收入 13 157 元，比上年增长 9.4%；城镇居民人均可支配收入 24 205 元，比上年增长 8.8%。2016 年，合江县居民人均消费支出 12 645 元，比上年增长 10.2%。按常住地分类，农村居民人均消费支出 10 489 元，比上年增长 9.2%；城镇居民人均消费支出 16 770 元，比上年增长 11.5%。农村居民恩格尔系数为 43.2%，城镇居民恩格尔系数为 40.9%。2016 年，合江县实现地区生产总值（GDP）178 亿元，比 2015 年增长 9.2%。其中，第一产业增加值 35.7 亿元，比 2015 年增长 3.7%；第二产业增加值 76.6 亿元，比 2015 年增长 11.0%；第三产业增加值 65.7 亿元，比 2015 年增长 10.2%。第一产业增加值占地区生产总值的比重为 20.1%，第二产业增加值占地区生产总值的比重为 43.0%，第三产业增加值占地区生产总值的比重为 36.9%。三次产业对经济增长的贡献率分别为 8.5%、51.9% 和 39.6%。

3 合江县气象灾害及其次生灾害

合江县暴雨洪涝、干旱、大风、低温冷害、霜冻、冰雹、雷电等气象灾害时有发生，对农作物生长造成不同程度的危害，同时对合江县人民生命财产安全、经济建设、农业生产、生态环境和公共卫生安全带来了严重影响。气象灾害不但对农业生产影响很大，对城市建设和人民群众日常生活也带来不可忽视的影响。近年来，气象灾害增多，特别是极端天气频发，各项气象灾害时有发生，对合江县经济社会发展和人民生命财产构成严重威胁。在下面的内容中，我们将分灾种介绍近年来的主要气象灾害情况。

3.1 暴雨洪涝灾害

合江县暴雨一般发生在每年的 5—9 月，以 7—8 月暴雨最多。1957—2010 年，合江县共发生暴雨次数 121 次，其中发生在 7 月份有 38 次、8 月份有 32 次，24 小时（以气象日界的一天）最大降雨量为 1967 年 7 月 3 日，一次降雨量达 177.3 毫米。合江县气象站建站以来暴雨次数最多的是 2015 年，暴雨次数多达 8 次（此处的降雨资料来自于合江县气象局观测站）。以下是合江县近年来遭受较为严重的暴雨洪涝的记录。

1986 年 6 月 4 日合江县突降暴雨，降水量最大的人和乡达 260 毫米，严重受灾的有 3 个区，33 个乡镇，130 个村，1 026 个村民组，29 242 户村民，124 319 人（按照当时行政区划，下同）；倒塌房屋 1 207 间，造成危房 1 439 间；死亡 6 人，重伤 15 人；中断公路交通、输电线路和通信线路 52 处。

1989 年 7 月 26 日 16 时至 28 日 8 时，合江县普降暴雨，长江、赤水河、习水河、大槽河、小槽河河水陡涨，长江水位达 222.60 米，仅合江县城 10 个社区就有 8 个社区受

灾，189 户、18 个企事业单位进水受淹。合江县房屋倒塌
12 675 间，死亡 3 人，受伤 9 人。

1991 年 8 月中旬，合江县主要江河（长江、赤水河、
习水河）出现高水位，沿江低洼地带农家及企业遭受洪涝
灾害，仅合江县城民房被淹 5 000 多平方米，北门口煤建公
司煤场被完全淹没，农资公司仓库被淹。8 月 11 日 8 时长
江峰值水位为 224.86 米（吴淞）仅次于 1966 年的长江峰
值水位。成都军区 13 军驻内江部队舟桥连赶赴大桥码头，
准备营救大桥河心洲坝 712 名群众。

1995 年 5 月 28 日，天堂坝、自怀两乡遭暴风雨袭击，
降雨量达 72 毫米，风力为 7~8 级，大、小槽河山洪暴发，
自怀镇被洪水冲走 1 人（下落不明），冲毁小水电站 2 座
（顺江、天堂坝），冲毁钢筋混凝土板人行桥 50 座。小槽河
正在修建中的大滩水库工地被冲走条石 1 100 立方米、块石
3 500 立方米。

1995 年 5 月 30 日—31 日，合江县连续遭暴风雨袭击，
降雨量达 70 毫米，风力为 7~8 级，河谷、垭口风力达 10
级。锁口、五通、九支、先市、车辆、实录、密溪、凤鸣、
福宝、虎头 10 个乡镇 11 801 户受灾，17 807 亩农作物严重
受损，基本无收。

1998 年 8 月 7 日 0 时至 6 时，自怀、先滩、天堂坝、福
宝、虎头、凤鸣、实录、九支、二里、车辆、先市、密溪、
合江镇等乡镇普降暴雨，共有 76 个村，5 个居委会，10 249

户，33 478 人遭受暴雨洪水袭击。其中，74 户，243 人无家可归。重灾区自怀场，最大降雨量达 250 毫米以上，加上小槽河上游山区（江津四面山）同时普降暴雨，导致小槽河河水陡涨，使自怀场遭受超过有史记载（1874 年 5 月 17 日以来）的特大洪水的突袭，冲走、冲垮居民住房 624 户、887 间，有 74 户居民连简单生活用品如衣服、被子都来不及抢救。

2003 年 6 月 21 日，大、小槽河流域普降暴雨，最大降雨量达 140.1 毫米，大、小槽河河水陡涨，两流域内乡镇（天堂坝、福宝、自怀、先滩、石龙、南滩）严重受灾，共倒塌房屋 912 间，死亡 2 人。2003 年 7 月 7 日，合江县县城灾降暴雨，最大降雨量达 168 毫米，泸隆印务公司出现内涝，厂区积水达 0.6 米深，堆放在生产车间的成品、半成品纸被水浸泡报废，直接损失达 20 万元。

2012 年 7 月 22 日，合江县 16 个乡镇突降暴雨，最大降雨量出现在榕右（118.6 毫米），达大暴雨标准，全县 27 个乡镇受灾。受长江、赤水河上游强降雨天气影响，合江县遭遇 50 年一遇的洪涝灾害。全县有 15 万人受灾，其中紧急转移安置人口 8.75 万人，需救助人口 7.5 万人；房屋倒塌 2 014 户、6 942 间，严重损坏 2 980 户、9 900 间；农作物受灾面积 6 660 公顷，其中成灾面积 3 600 公顷，绝收面积 3 000 公顷；高压断线 42 处，10 千伏线路停运 26 条（约700 千米），停运变压器 900 余台；损毁水泥趸船 1 艘、跳船 3 艘、渔船 3 艘，公路（县道）45.7 千米；县城马街大桥基础严重损坏，滨江路防洪堤受损 4 000 米，沿河乡镇防洪堤累计受损 9 000 米，塘、库、堰累计受损 600 余处。本次洪灾共造成合江县的直接经济损失达 12.3 亿元。

3.2 干旱灾害

合江县属亚热带湿润季风气候，具有冬春少雨而夏秋多雨的特点，年降雨量虽丰裕，但雨不适时，时间上分布不均，常有春旱、夏旱、伏旱、冬干发生，特别是伏旱，出现人畜饮水困难、土壤缺水、田块干裂、庄稼干死等现象。合江县旱灾的特点是季节性干旱和时期性干旱明显，其主要时间在 7—8 月，季节性旱灾突出，连续性旱灾增多，发生旱灾的频率增大。干旱是县域主要灾害之一。有些年份春旱连夏旱，有些年份还发生伏秋连旱。严重的旱灾往往是全县性灾害。1957—2010 年，合江县共发生干旱 81 次（以气象干旱标准统计，春旱、夏旱、伏旱、冬干统称干旱），其中发生在 7 月份的干旱有 37 次，发生在 8 月份的干旱有 16 次，占干旱次数比例为 65.4%。其中，干旱持续时间最长的为 1957 年 7 月 22 日至 9 月 10 日，持续 51 天，降雨量仅为 58.4 毫米；其次是 2006 年 7 月 8 日至 8 月 20 日，持续时间 44 天，降雨量仅为 39.3 毫米。

合江县每年都有不同程度的干旱，可以说小旱年年有，即使是雨水丰沛年，由于降雨时空分布不均，也有部分地区在不同时期发生旱灾，可谓"年年有旱""十年九旱"。有资料记载（1949—2015 年）的 67 年中，合江县共发生 14 次特大干旱，分别为 1952 年的春旱连夏旱，1959 年的伏旱，1962 年 11 月 1 日至 1963 年 8 月 15 日的冬干、春旱、夏旱连伏旱，1969 年的夏旱，1972 年的伏旱，1976 年的伏旱，1980 年的伏旱，1985 年的伏旱，1990 年的夏旱、伏旱，1992 年的夏旱、伏旱，2001 年的夏旱、伏旱，2006 年的伏旱，2011 年的伏旱，2013 年的伏旱。

2006 年，合江县从 7 月 8 日至 8 月 15 日出现了连续 39 天、降雨量仅 13.8 毫米的严重伏旱，是合江县自 1957 年有气象资料以来最严重的伏旱天气，虽然 16 日、21 日降了大到暴雨或暴雨，但气温再次回升，致使旱情加重。据统计，合江县受灾农户达 71.96 万人，农作物受灾面积达 79.15 万亩，塘库堰干涸开裂，人畜饮水相当困难，造成整个大春粮食减产，蔬菜等经济作物和柚子等名优水果严重受损，粮食减产达 3 510 万千克以上，造成直接经济损失达 9 260 万元，其中农业损失 7 090 万元。

2011 年，合江县从 7 月 28 日至 8 月 31 日出现了连续 35 天、降雨量仅为 30.9 毫米的严重伏旱，期间最高气温达

43.4℃。9 月上旬仍然持续高温晴热的天气，9 月中下旬降雨量仍偏少。伏旱连秋干是合江县有气象记录以来干旱最严重的一年。据统计，合江县受灾乡镇 27 个，受灾人口 58.25 万人，饮水困难群众达 34.77 万人，农作物受灾面积达 35.83 万亩，成灾面积 35.83 万亩，绝收面积 16.83 万亩，损失粮食 9.1 万吨，农业损失 38 888 万元，工业损失 2 118 万元，渔业损失 5 240 万元，商贸损失 128 万元，直接经济损失 46 374 万元。

3.3　连阴雨灾害

合江县的连阴雨天气一年四季均有分布，不同季节的连阴雨对农业产生的影响不同，春、秋两季的连阴雨对农业生产影响较大。连阴雨对农业的危害主要表现在湿害、寡照两方面，从而造成土壤和空气长期潮湿，根系呼吸作用受阻，植株光合合作削弱，植株发育不良；作物结实阶段连阴雨导致籽实发芽、霉变，使农作物的产量和质量遭受严重影响。连阴雨天气也是导致喜温、喜湿的作物病虫害发生的原因。

连阴雨天气在合江县几乎每年都有发生，从 1958 年到

2010年统计发生的连阴雨次数来看，发生频次最高的是春季，其次是夏季，秋季、冬季的连阴雨频次接近。连阴雨发生次数最多的次数为12次，发生年份为1974年、1976年、1988年。在一次连阴雨中持续时间最长的是1983年6月25日持续到7月16日，共计22天，累计降雨量150.2毫米。

3.4 雷电灾害

雷电灾害又称雷暴，雷暴常出现在春夏之交或炎热的夏天，大气中的层结处于不稳定时容易产生强烈的对流，云与云、云与地面之间电位差达到一定程度后就要发生放电，有时雷声隆隆，耀眼的闪电划破天空，常伴有大风、阵性降雨或冰雹，雷暴天气总是与发展强盛的积雨云联系在一起。强雷暴天气出现有时还带来灾害，如雷击危及人身安全，家用电器、计算机机房直接遭雷击或感应雷的影响而损坏，有时还引起火灾等。据统计，仅2006年合江县遭受雷击灾害事故共9起，直接经济损失43.5万元。

从1980年到2010年的气候统计资料来看，合江县年平均雷暴日为33天，属于中雷区；雷暴日最多的年份为1994

年，雷暴日天数为 53 天；雷暴发生最早开始的年份为 1989 年，该年第一次雷暴发生于 2 月 23 日；雷暴发生最晚结束的年份为 1997 年，结束日期为 12 月 21 日。

在全国，每年因雷电灾害导致的人畜死亡、火灾、雹灾、计算机网络瘫痪、建筑物损坏等事故频繁发生，给人民生命财产造成巨大损失。以下是合江县近年来的雷击灾害典型案例：

2005 年 5 月 2 日晚，合江县境内出现强雷暴天气，合江县榕山中学计算机房遭受雷击。该学校有 5 个交换机、1 个程控交换机、路由器及部分网卡被击坏，直接经济损失 1.5 万余元。同日，合江县笔架山风景旅游区飞仙亭遭受直击雷击，飞仙亭柱子被击裂，一檐角被击坏。

2005 年 6 月 27 日下午，中国移动泸州分公司合江自怀镇移动通信机站变压器及机房设备遭受雷击，直接经济损失 2 万余元。

2006 年 7 月 23 日，中国移动泸州分公司合江榕佑移动通信机站、白鹿移动通信机站、沙坎移动通信机站、参宝移动通信机站遭受雷击，击坏变压器 1 台、振流模块 4 个、跌落保险 3 个、微蜂窝 1 个、微波 1 套、电源 PCU 板 1 个，直接经济损失 26.5 万元。

2006 年 7 月 14 日 23 时 30 分左右，二里乡李子弯村 3 社王某家由于雷击引发火灾，烧毁房屋两间，直接经济损失 2 万余元。

以下是国内雷电灾害典型案例：

1989年8月12日9时55分，黄岛油库库区遭受对地雷击产生感应火花而引爆油气。23万立方米原油储量的5号混凝土油罐突然爆炸起火。大约600吨油水在胶州湾海面形成几条十几海里长、几百米宽的污染带，造成胶州湾有史以来最严重的海洋污染。

2007年5月23日下午，重庆市开县义和镇兴业村小学遭遇雷击，造成该小学四年级和六年级学生伤亡46人，其中死亡7人、重伤19人、轻伤20人。该学校教室为砖石墙体的四合院平房，教室楼顶没有安装避雷设施。

2011年5月14日，贵州省威宁县牛棚镇出现强雷暴天气，导致3人遭受雷击身亡。

3.5　气象次生灾害

由于天气引发的次生灾害有很多，如洪涝、干旱、高温热浪、冷害、地质灾害等。前面已经分析了合江县的洪涝、干旱等次生灾害。这里主要分析合江县的地质灾害。

多数情况下地质灾害的发生和当地的地质条件存在密切关系，也可能受到来自外界的许多因素的影响，如降雨就是最重要的影响因素之一。地质灾害与单日降水及前期降水量的关系主要有三种类型，即暴雨诱发型、多日中到大雨诱发型、连阴雨诱发型，因此多数地质灾害的预警预报可演化为对降雨的预报。既然地质灾害的发生与气象关系密切，下面分析合江县地质灾害点的情况。

据国土资源部门2017年对合江县范围调查统计显示，合江县共发现地质灾害隐患点228处，按地质灾害的危害对象（险情）和规模划分，中型的1处，小型的227处。合江县地质灾害主要有滑坡、危岩（崩塌）和潜在不稳定斜坡三种类型。其中滑坡146处，危岩（崩塌）61处，潜在不稳定斜坡20处。共计威胁1234户、4223人，预计可能造成的经济损失22749万元。地质灾害隐患点主要分布在自怀、福宝、石龙等大、小漕河沿岸乡镇，浅丘地区乡镇也有零星分布。

下面是合江县近几年的地质灾害情况：

2009年，合江县共发生小型地质灾害29起，未造成人员伤亡，造成直接经济损失100余万元。

2010年，合江县共发生小型地质灾害31起，其中滑坡26起、崩塌5起，受灾101户，威胁404人，南滩乡因灾死亡1人，直接经济损失200余万元。

2011年，合江县共发生小型地质灾害13起，其中滑坡9起、崩塌4起，受灾31户，威胁150人，直接经济损失200余万元，间接经济损失250余万元。

2012 年，合江县发生地质灾害 33 起，其中滑坡 24 处、崩塌 9 处，因突发地质灾害死亡 1 人，危及 135 户、541 人，直接损毁房屋 9 间，危及房屋 599 间，直接经济损失 100 余万元。

2013 年，合江县共发生地质灾害 7 起，其中滑坡 6 处、崩塌 1 处，危及农户 18 户、64 人，危及学校 1 所，倒塌、损坏房屋 6 间，直接经济损失 50 余万元，估算间接经济损失约 220 万元。

2014 年，合江县共发生地质灾害 115 起，受灾农户 270 户、1 089 人，倒塌、损坏房屋 50 间，直接经济损失约 150 万元，间接经济损失约 800 万元。

2015 年，合江县共发生地质灾害 116 起，其中滑坡 88 处、崩塌 26 处，因突发地质灾害死亡 1 人，危及 463 户、1 581 人，损坏房屋 120 间，威胁房屋约 340 间，直接经济损失约 1 000 万元，受威胁财产约 4 818 万元。

2016 年，合江县共发生地质灾害 58 处，危及 136 户、459 人，间接财产损失约 1 673 万元。

4 合江县主要气象灾害风险区划

4.1 气象灾害风险基本概念及其内涵

气象灾害风险是指气象灾害发生及其给人类社会造成损失的可能性。气象灾害风险既具有自然属性，也具有社会属性，无论自然变异还是人类活动都可能导致气象灾害的发生。气象灾害风险性是指若干年（10 年、20 年、50 年、100 年等）内可能达到的灾害程度及其灾害发生的可能性。根据灾害系统理论，灾害系统主要由孕灾环境、致灾因子和承灾体共同组成。在气象灾害风险区划中，危险性是前提，易损性是基础，风险是结果。

气象灾害风险性可以表达为：

气象灾害风险＝气象灾害危险性×承灾体潜在易损性

其中，气象灾害危险性是自然属性，包括孕灾环境和致灾因子；承灾体潜在易损性是社会属性。

气象灾害的一些术语定义如下：

气象灾害风险：各种气象灾害发生及其给人类社会造成损失的可能性。

孕灾环境：气象危险性因子和承灾体所处的外部环境条件，如地形地貌、水系、植被分布等。

致灾因子：导致气象灾害发生的直接因子，如暴雨、干旱、连阴雨、高温等。

承灾体：气象灾害作用的对象，是人类活动及其所在社会中各种资源的集合。

孕灾环境敏感性：受到气象灾害威胁的所在地区外部环境对灾害或损害的敏感程度。在同等强度的灾害情况下，敏感程度越高，气象灾害造成的破坏损失越严重，气象灾害的风险也越大。

致灾因子危险性：气象灾害异常程度，主要是由气象致灾因子活动规模（强度）和活动频次（概率）决定的。一般致灾因子强度越大，频次越高，气象灾害造成的破坏损失越严重，气象灾害的风险也越大。

承灾体易损性：可能受到气象灾害威胁的所有人员和财产的伤害或损失程度，如人员、牲畜、房屋、农作物、生命线等。一个地区人口和财产越集中，易损性越高，可能遭受潜在损失越大，气象灾害风险越大。

防灾减灾能力：受灾区对气象灾害的抵御和恢复程度，包括应急管理能力、减灾投入资源准备等。防灾减灾能力越高，可能遭受的潜在损失越小，气象灾害风险越小。

气象灾害风险区划：在孕灾环境敏感性、致灾因子危险性、承灾体易损性、防灾减灾能力等因子进行定量分析评价的基础上，为了反映气象灾害风险分布的地区差异性，根据风险度指数的大小，对风险区划分为若干个等级。

4.2 气象灾害风险区划的原则及方法

气象灾害风险性是孕灾环境、脆弱性承灾体与致灾因子综合作用的结果。气象灾害风险性的形成既取决于致灾因子的强度与频率，也取决于自然环境和社会经济环境。开展合江县气象灾害风险区划时，主要考虑以下原则：

第一，以开展灾情普查为依据，从实际灾情出发，科学做好气象灾害的风险性区划，达到防灾减灾规划的目的，促进区域的可持续发展。

第二，区域气象灾害孕灾环境的一致性和差异性。

第三，区域气象灾害致灾因子的组合类型、时空聚散、强度与频度分布的一致性和差异性。

第四，根据区域孕灾环境、脆弱性承灾体以及灾害产生的原因，确定灾害发生的主导因子及其灾害区划依据。

第五，划分气象灾害风险等级时，宏观与微观相结合，对划分等级的依据和防御标准做出说明。

第六，可修正原则，即紧密联系合江县的社会经济发展情况，对合江县的承灾体脆弱性进行调查，根据合江县的发展及防灾减灾基础设施与能力的提高，及时对气象灾害风险区划图进行修改与调整。

气象灾害风险区划的方法主要根据气象与气候学、农业气象学、自然地理学、灾害学、自然灾害风险管理等基本理论，采用风险指数法、GIS（地理信息系统，下同）自然断点法、加权综合评价法等数量化方法，在 GIS 技术的支持下对合江县气象灾害进行风险分析和评价，编制气象灾害风险区划图。

4.3 暴雨洪涝灾害风险区划

4.3.1 技术流程

由于研究中所需数据量大，而 GIS 又是搜集、存储、整合、更新、显示空间数据的基本工具，因此我们首先建立了基于 GIS 的气象灾害数据库作为风险分析与识别、风险评价与区划的信息平台。本区划基于 GIS 技术进行气象灾害风险区划。技术流程如图 4.1 所示。

4.3.2 资料来源

气象资料：合江县及周边泸县、江安、长宁、兴文、叙永、古蔺、隆昌、富顺、南溪、宜宾、珙县共计 12 个气象站 1961—2016 年逐日降水数据。

经济资料：选用以乡（镇）为单位的合江县行政区耕地面积、农业人口、人均纯收入、农业 GDP、农作物播种面积、森林覆盖率等数据。

地理信息数据：基础地理信息资料包括合江县 1：50 000GIS 数据中的数字高程模型（DEM）和水系数据。

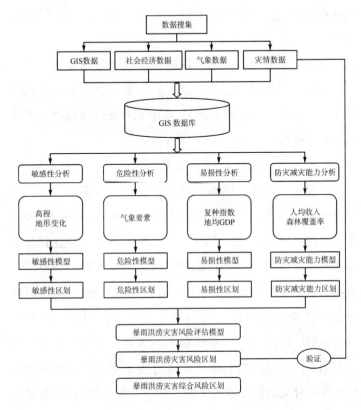

图 4.1 合江县暴雨洪涝灾害风险评估流程图

4.3.3 致灾因子危险性分析

强降水致灾主要表现为雨势猛、强度大，引发泥石流或山洪，冲毁农田水利设施，淹没农田，摧毁作物；或是累积雨量大，积水难排，形成内涝；或是导致底墒饱和，下垫面对雨水的渗透力弱，造成渍害。因此，我们用降水强度和降水频次两个因子对农业暴雨洪涝灾害危险性进行表征。

我们将暴雨过程降水量以连续降水日数划分为一个过程，一旦出现无降水则认为该过程结束，并要求该过程中至少一天的降水量达到或超过 50 毫米，最后将整个过程降水量进行累加。

首先，我们统计合江县及其周边泸县、江安、长宁、兴文、叙永、古蔺、隆昌、富顺、南溪、宜宾、珙县共计 12 个气象站历年 1 天、2 天、3 天……10 天（含 10 天以上）暴雨过程降水量。其次，我们将所有台站的过程降水量作为一个序列，建立不同时间长度的 10 个降水过程序列。再次，我们分别计算不同序列的第 98 百分位数、第 95 百分位数、第 90 百分位数、第 80 百分位数、第 60 百分位数的降水量值，该值即为初步确定的临界致灾雨量。然后，我们利用不同百分位数将暴雨强度分为 5 个等级，即 60%~80% 位数对应的降水量为 1 级，80%~90% 位数对应的降水量为 2 级，90%~95% 位数对应的降水量为 3 级，95%~98% 位数对应的降水量为 4 级，大于等于 98% 位数对应的降水量为 5 级（见表 4.1）。最后，我们利用各级暴雨频次在 GIS 软件中进行插值，得到相应的不同等级暴雨致灾频次分布图（见图 4.2~图 4.6）。

表 4.1　合江县不同等级暴雨强度雨量范围（1961—2015 年）

天数（天）	1级	2级	3级	4级	5级	暴雨值
	60%~80%	80%~90%	90%~95%	95%~98%	≥98%	
1	77.80≤R<95.66	95.66≤R<111.90	111.90≤R<120.52	120.52≤R<144.19	144.19≤R<160.3	50
2	89.07≤R<108.60	108.60≤R<143.65	143.65≤R<158.18	158.18≤R<182.26	182.26≤R<270.7	50
3	96.91≤R<125.42	125.42≤R<156.87	156.87≤R<197.58	197.58≤R<251.42	251.42≤R<352.4	50
4	115.57≤R<135.68	135.68≤R<168.79	168.79≤R<195.09	195.09≤R<357.95	357.95≤R<380.4	50
5	125.09≤R<141.18	141.18≤R<150.59	150.59≤R<205.47	205.47≤R<213.45	213.45≤R<221.5	50

如图 4.2 所示，合江县暴雨洪涝灾害一级致灾强度频次分布不均。其中，五通镇、九支镇西南部、自怀镇和福宝镇东南部频次最小，在 0.64 以下；县域中部的白米镇、合江镇、真龙镇、实录镇、虎头镇、凤鸣镇的频次最高，在 0.91 以上；望龙镇、榕山镇、榕右乡、大桥镇、佛荫镇、先市镇、车辋镇、白沙镇等地区频次 0.82~0.91，为次高值区域；九支镇东北部、福宝镇中部、自怀镇北部等为次低值区域，频次 0.64～0.73；县内其余大部分地方频次0.73～0.82。

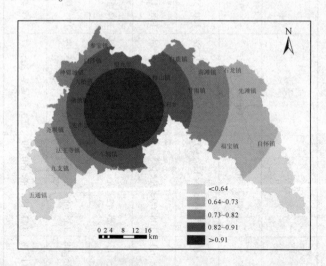

图 4.2　合江县暴雨洪涝灾害一级致灾频次分布图

如图 4.3 所示，合江县暴雨洪涝灾害二级致灾强度频次分布如图 4.3 所示。其中，五通镇和福宝镇东南部频次最大，在 0.63 以上；县域中部的白米镇、合江镇、真龙镇、实录镇、虎头镇、凤鸣镇的频次最低，在0.58以下；望龙镇、榕山镇、榕右乡、大桥镇、佛荫镇、先市镇、车辋镇、白沙镇、参宝镇、神臂城镇、甘雨镇、白鹿镇、福宝镇西北等地区频次为0.58~0.6，为次低值区域；自怀镇和福宝镇东南部以及五通镇北部等为次高值区域，频次为0.62~0.63；县内其余部分地方频次为0.6~0.62。

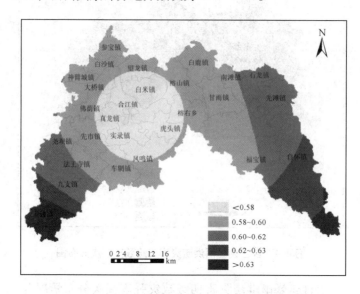

图4.3 合江县暴雨洪涝灾害二级致灾频次分布图

合江县暴雨洪涝灾害三级致灾强度频次分布与一级致灾强度频次分布相似，整体呈现从中西部向西南及东南方向递减的趋势，如图4.4所示。其中，五通镇、九支镇西南部、福宝镇以及自怀镇东南部频次最小，低于0.59；县域中部的白米镇、合江镇、真龙镇、实录镇、虎头镇、凤鸣镇处于频次最大值区域，频次在 0.9 以上；周围各乡镇位于频次次高值区域，望龙镇、榕山镇、榕右乡、大桥镇、佛荫镇、先市镇、车辋镇、白沙镇等频次为 0.8~0.9；县内其余大部分地区频次为 0.59~0.8。

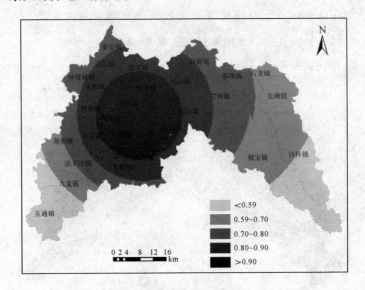

图 4.4　合江县暴雨洪涝灾害三级致灾频次分布图

合江县暴雨洪涝灾害四级致灾强度频次分布情况与二级致灾强度频次分布相似，如图 4.5 所示。其中，五通镇和福宝镇东南部频次最大，在 0.22 以上；县域中部的白米镇、合江镇、真龙镇、实录镇、虎头镇、凤鸣镇的频次最低，在 0.06 以下；望龙镇、榕山镇、榕右乡、大桥镇、佛荫镇、先市镇、车辋镇、白沙镇、参宝镇、神臂城镇、甘雨镇、白鹿镇、福宝镇西北部等地区频次为 0.06~0.17，为次低值区域；自怀镇和福宝镇东南部以及五通镇北部等为次高值区域，频次为 0.17~0.22。

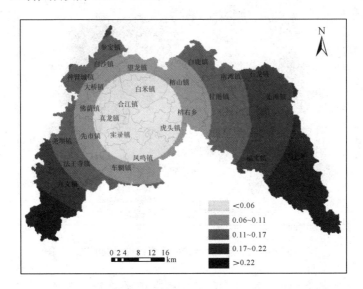

图 4.5　合江县暴雨洪涝灾害四级致灾强度频次分布图

如图 4.6 所示，合江县暴雨洪涝灾害五级致灾强度频次分布以合江镇为中心向四周递增。其中，五通镇南部和福宝镇东南部频次最大，在 0.25 以上；县域中部的白米镇、合江镇、真龙镇、实录镇、虎头镇、凤鸣镇的频次最低，在 0.06 以下；望龙镇、榕山镇、榕右乡、大桥镇、佛荫镇、先市镇、车辋镇、白沙镇、参宝镇、神臂城镇、甘雨镇、白鹿镇、福宝镇西北部等地区频次为 0.06~0.18，为中等到次低值区域；自怀镇和福宝镇东南部及五通镇北部等为次高值区域，频次为 0.18~0.25。

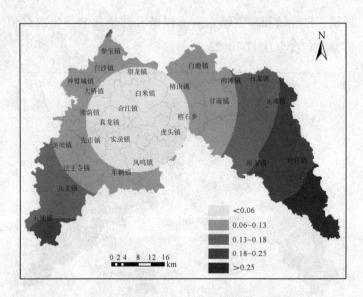

图 4.6　合江县暴雨洪涝灾害五级致灾强度频次分布图

　　我们通过绘制出合江县暴雨洪涝灾害 1~5 级致灾强度分布图，根据暴雨强度等级越高，对洪涝形成所起的作用越大的原则，确定降水致灾因子权重，将暴雨强度 5、4、3、2、1 级权重分别取 5/15、4/15、3/15、2/15、1/15。

　　我们利用加权综合评价法，计算不同等级降水强度权重与将各气象站的不同等级降水强度发生的频次归一化后的乘积之和，再利用 GIS 中自然断点分级法将致灾因子危险性指数按 5 个等级分区划分（高危险区、次高危险区、中等危险区、次低危险区、低危险区），并绘制致灾因子危险性区划图（见图 4.7）。

　　如图 4.7 所示，合江县暴雨洪涝灾害致灾因子危险性分

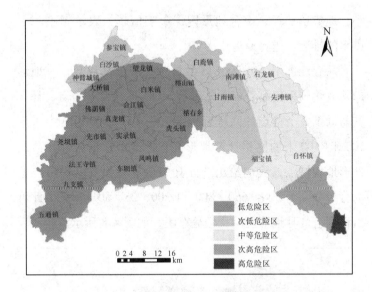

图 4.7　合江县暴雨洪涝灾害致灾因子危险性区划图

布大体表现出以县域西部向东部危险性越来越高的趋势。县域东南小部分区域等为高危险区；福宝镇及自怀镇的东南部为次高危险区；县域中西部及西南部大部分区域为低危险区；县内其余地区介于次低危险区到中等危险区之间。

4.3.4　孕灾环境敏感性分析

从洪涝形成的背景与机理分析，合江县暴雨洪涝灾害孕灾环境主要考虑地形和水系两个因子的综合影响。

地形因子主要包括高程和地形变化（高程标准差）。高程越低，高程标准差越小，则综合地形因子影响值越大；高程越低表示地势越低，高程标准差越小表示地形变化越小，地势越平坦；综合地形因子影响值越大表示越不利于洪水的排泄，越容易造成涝灾。

从合江县 1∶50 000GIS 数据中提取出高程数据，地形起伏变化则采用高程标准差表示，对 GIS 中某一格点，计算其与周围 8 个格点的高程标准差，在 1∶50 000GIS 中采用 100 米×100 米的网格计算地形高程标准差。根据合江县的地形地貌特点，我们给出合江县的地形高程及高程标准差的分级分别为 500、650、800、1 200，25、50、78。由此可以得到合江县地形影响指数分布图，如图 4.8 所示。

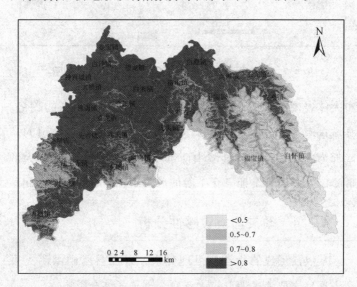

图 4.8 合江县暴雨洪涝灾害地形影响指数分布图

合江县地形以山地、丘陵为主，西南部和东南部地势较其余区域高，洪涝灾害地形影响指数由西北部向东南部逐步减小。福宝镇、自怀镇、车辋镇等地方影响指数较小，低于0.5；县内其余大部影响指数在0.8以上。

水系因子主要考虑合江县的河网密度，河网越密集的地方，遭受洪涝灾害的风险越大。我们将一定半径范围内的河流总长度作为中心格点的河流密度，半径大小使用系统缺省值，在1：50 000GIS数据中采用100米×100米的网格计算河网密度，从而得到合江县河网密度，对其规范化处理即得图4.9。

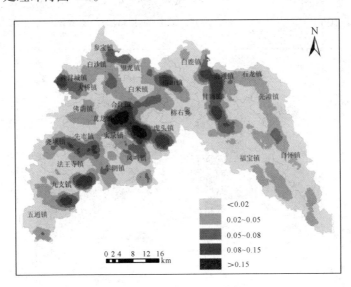

图4.9 合江县暴雨洪涝灾害水系影响指数分布图

合江县暴雨洪涝灾害水系影响分布，神臂城镇、真龙镇、虎头镇、实录镇、榕山镇、甘雨镇、南滩镇、九支镇一带水系影响指数较大，在0.08以上；其次是自怀镇、先滩镇、石龙镇、尧坝镇、车辋镇、佛荫镇一带，水系影响指数为 0.02~0.08；其余大部水系影响指数低于 0.02。

充分考虑到孕灾环境中地形和水系对暴雨洪涝灾害的影响程度，综合多方专家的意见，我们将这两个因子分别赋权重值为 0.6 和 0.4。我们利用 GIS 中自然断点分级法，将孕灾环境敏感性指数按 5 个等级分区划分（高敏感区、次高敏感区、中敏感区、次低敏感区和低敏感区），基于GIS 绘制出合江县孕灾环境敏感性指数区划图（见图4.10）。

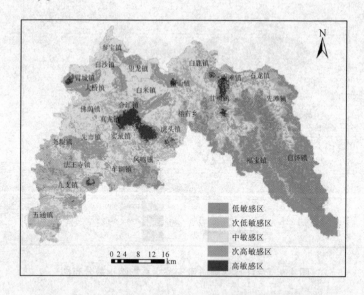

图 4.10　合江县暴雨洪涝灾害孕灾环境敏感性指数区划图

如图 4.10 所示，合江县地势较低且水系分布较多的乡镇，如真龙镇、合江镇南部、虎头镇西部区域敏感性最高；

合江县西北部和西南部敏感性相对偏高，尧坝镇、先市镇、榕山镇、南滩镇等乡镇敏感性较高，为次高敏感区；自怀镇、福宝镇、先滩镇、凤鸣镇南部、九支镇西部等乡镇敏感性最低，为低敏感区；县内其余大部分区域为次低敏感区到中敏感区。

4.3.5　承灾体易损性分析

暴雨洪涝灾害对社会造成的危害程度与承受灾害的载体直接相关，其造成的损失大小一般取决于发生地的经济、人口密集程度和耕种方式等因素。经济越发达，承灾体所遭受的潜在灾害损失就越大；复种指数越大，耕地利用率越高，单位面积耕地农业产出越高，遭受破坏后的损失也就越大；人口越密集，环境遭受破坏、生态恶化后的修复能力越强，能投入的劳动力越多。根据合江县社会经济统计数据，得到地均 GDP、农业人口密度和复种指数 3 个易损性评价指标。

合江县地均 GDP 分布情况如图 4.11 所示。榕山镇、合江镇地均 GDP 最高，在 50 万元/公顷以上；白沙镇、望龙镇、神臂城镇、大桥镇、白米镇、佛荫镇、凤鸣镇、先市镇、虎头镇、九支镇、福宝镇次之，在18 万元/公顷~26 万元/公顷之间；其余地区均在 18 万元/公顷以下，其中五通镇最低，在 12 万元/公顷以下。

合江县农业人口密度分布情况如图 4.12 所示。合江县

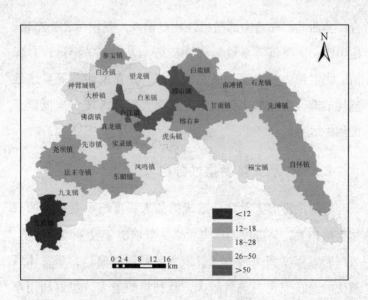

图4.11　合江县地均GDP分布图（单位：万元/公顷）

　　农业人口密度最高的地区分布在神臂城镇、白沙镇、大桥镇，多于11.9人/公顷；其次是自怀镇、凤鸣镇，农业人口密度在10.86~11.9人/公顷之间；其余地区农业人口密度均在10.86人/公顷以下，其中九支镇、五通镇、榕山镇农业人口密度最低，不足7.21人/公顷。

　　合江县复种指数分布情况如图4.13所示。先市镇复种指数最低，不足0.63；白沙镇、大桥镇、榕山镇、凤鸣镇复种指数最高，达到0.74以上；实录镇、白米镇、南滩镇、石龙镇，复种指数为0.63~0.69；其余大部分乡镇复种指数为0.72~0.74。

　　由于每个承灾体在不同地区对暴雨洪涝灾害的相对重

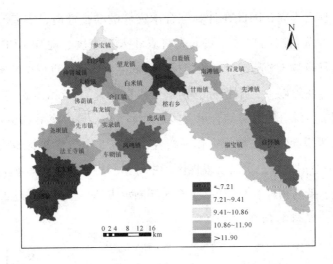

图 4.12 合江县农业人口密度分布图（单位：人/公顷）

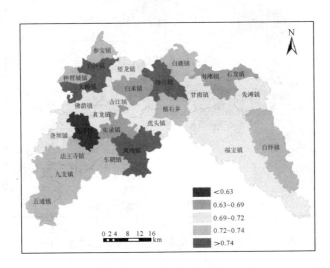

图 4.13 合江县复种指数分布图

要程度不同,因此在计算综合承灾体的易损性时,需要充分考虑它们的权重。我们先将农业人口密度、地均 GDP、复种指数 3 个易损性评价指标进行规范化处理,再根据专家打分法给以上 3 个指标分别赋予权重 1/3、1/3 和 1/3,利用加权综合法计算综合承灾体易损性指数,最后使用 GIS 中自然断点分级法将承灾体易损性指数按 5 个等级分区划分(高易损性区、次高易损性区、中等易损性区、次低易损性区、低易损性区),并基于 GIS 绘制承灾体易损性指数区划图,如图 4.14 所示。

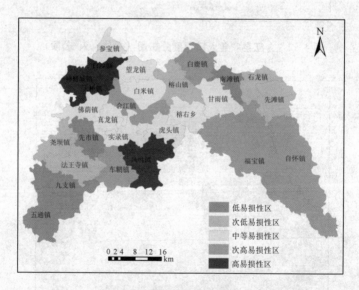

图 4.14　合江县暴雨洪涝灾害承灾体易损性区划图

从基于 GIS 绘制的合江县暴雨洪涝灾害承灾体易损性区划图可以看出,凤鸣镇、大桥镇、神臂城镇、白沙镇是高易损性区，发生灾害后往往易造成比较严重的经济损失；其次是白鹿镇、合江镇、车辋镇、福宝镇、自怀镇，属于次高易损性区；南滩镇、先市镇、九支镇、五通镇是低易损性区；其余大部分乡镇属于次低易损性区到中等易损性区。

4.3.6 防灾减灾能力分析

防灾减灾能力代表受灾区域遭受自然灾害时抵御灾害和灾后重建的能力。暴雨洪涝灾害的防灾减灾能力可描述为应对暴雨洪涝灾害所造成的损害而进行的工程和非工程措施。考虑到这些措施和工程的建设必须要有当地政府的经济支持以及能够投入到防灾减灾措施中的劳动力，因此，防灾减灾能力分析主要考虑了人均纯收入和森林覆盖率两个因素。

合江县人均纯收入分布情况如图 4.15 所示。佛荫镇、真龙镇、合江镇、白米镇、榕山镇、大桥镇农村居民人均纯收入最高，在 12 400 元/人以上；尧坝镇、先市镇、法王寺镇、九支镇、凤鸣镇、先市镇、实录镇、虎头镇、白鹿镇、神臂城镇次之，农村居民人均纯收入为 11 800 ~ 12 400元/人；其余乡镇的农村居民人均纯收入均在 11 800 元/人以下，其中榕右乡、自怀镇、先滩镇、南滩镇、石龙镇最低，低于 10 200 元/人。

合江县森林覆盖率分布情况如图 4.16 所示。合江县森

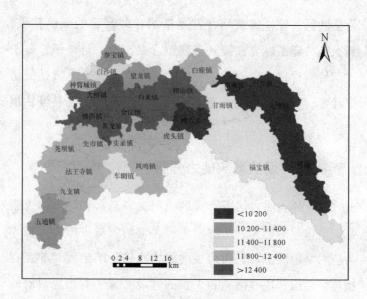

图 4.15　合江县人均纯收入分布图（单位：元/人）

林覆盖率最高的乡镇为福宝镇、自怀镇、凤鸣镇、车辋镇、先市镇、尧坝镇，高于 53.69%；其次是青龙镇、实录镇、九支镇、榕右乡、甘雨镇、南滩镇、先滩镇，森林覆盖率为 47.29%~53.69%；其余乡镇森林覆盖率均低于 47.29%，其中参宝镇、白沙镇、神臂城镇、大桥镇、佛荫镇、望龙镇、白米镇森林覆盖率最低，不足 29.5%。

　　我们将人均纯收入和森林覆盖率规范化处理后作为防灾减灾能力区划因子，然后根据专家打分法，给以上两个指标分别赋予权重 0.5 和 0.5，利用加权综合法计算防灾减灾能力指数，最后利用 GIS 中自然断点分级法，将防灾减灾能力指数按 5 个等级分区划分（高抗灾能力区、次高抗灾

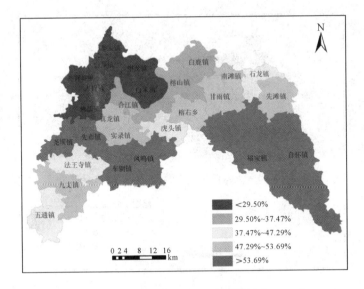

图4.16　合江县森林覆盖率分布图

能力区、中等抗灾能力区、次低抗灾能力区、低抗灾能力区），并基于 GIS 绘制合江县暴雨洪涝灾害防灾减灾能力区划图（见图 4.17）。

根据合江县暴雨洪涝灾害防灾减灾能力区划图（见图 4.17）可以看出，先市镇、凤鸣镇、尧坝镇、福宝镇是高抗灾能力区，对灾害的抵御能力最突出；参宝镇、望龙镇、榕右乡、南滩镇、石龙镇、先滩镇是抗灾能力最低的区域；榕山镇、合江镇、真龙镇、实录镇、虎头镇、车辋镇、九支镇属于次低抗灾能力区；县内其余大部分乡镇介于中等抗灾能力区到次高抗灾能力区。

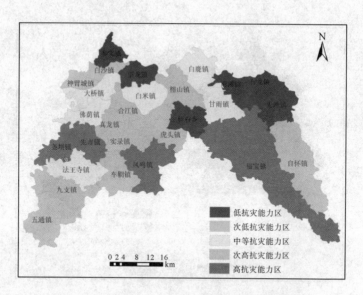

图 4.17　合江县暴雨洪涝灾害防灾减灾能力区划图

4.3.7　农业暴雨洪涝灾害风险评估及区划

合江县暴雨洪涝灾害风险区划是在充分考虑到孕灾环境敏感性、致灾因子危险性、承灾体易损性和防灾减灾能力4个因子进行定量分析评价的基础上，为了反映灾害风险分布的地区差异性，根据风险度指数的大小，将合江县境划分为若干个不同等级的风险区。考虑到各评价因子对风险的构成起作用并不完全相同，我们在征求水利、国土、农业、气象、气候等多方专家后，将合江县暴雨洪涝灾害风险涉及的因子权重系数加以汇总（见图 4.18）。我们根据合江县暴雨洪涝灾害风险指数公式计算暴雨洪涝灾害风险指数。具体计算公式为：

$$FDRI = (VE^{we})(VH^{wh})(VS^{ws})(10-VR)^{wr}$$

式中：$FDRI$ 为农业暴雨洪涝灾害风险指数，用于表示风险程度，其值越大，则灾害风险程度越大；VE、VH、VS、VR 的值分别表示风险评价模型中的孕灾环境的敏感性、致灾因子的危险性、承灾体的易损性和防灾减灾能力各评价因子指数；we、wh、ws、wr 是各评价因子的权重。

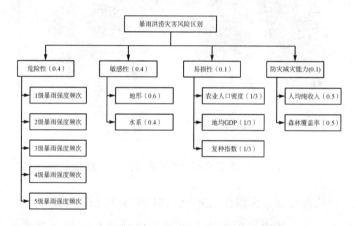

图4.18　合江县暴雨洪涝灾害风险权重

我们将灾害危险性、孕灾环境敏感性、承灾体易损性以及防灾减灾能力4个因子规范化处理后，给以上4个指标分别赋予权重 0.4、0.4、0.1、0.1，利用加权综合法，采用暴雨洪涝灾害风险评估模型，计算出各地暴雨洪涝灾害风险指数。我们利用 GIS 中自然断点分级法将农业暴雨洪涝风险指数按5个等级分区划分（高风险区、次高风险区、

中等风险区、次低风险区、低风险区),并基于 GIS 绘制农
业暴雨洪涝灾害风险区划图(见图 4.19)。

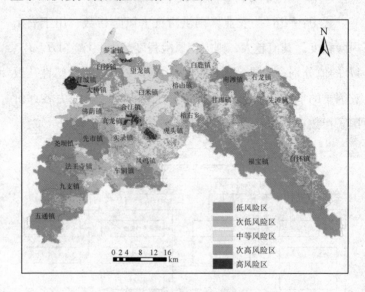

图 4.19　合江县暴雨洪涝灾害风险区划图

从合江县暴雨洪涝灾害风险区划图(见图 4.19)可以
看出,合江县内暴雨洪涝灾害风险值西北高东南部及西南
低,由西北部向东南部及南部递减。次高风险区到高风险
区主要集中在合江县西北部,其中高风险区主要分布在神
臂城镇、合江镇南部、实录镇北部、虎头镇西部地区。次
高风险区到高风险区或者由于降雨频率相对较高,或者因
为地势较低,或者是江河的主要流经区,或者承灾体易损
性较强及抗灾减灾能力较弱,因此发生暴雨洪涝灾害的风
险最高。合江县东南部的福宝镇、自怀镇、南滩镇及合江

县西南部的尧坝镇、法王寺镇、五通镇、九支镇等区域是低风险区到次低风险区，这些地区或者由于暴雨频率相对较小、致害性不强，或者由于海拔相对较高，或者是生产水平较低及暴雨洪涝灾害致灾的可能性较小，因此发生暴雨洪涝灾害的风险较低；合江县内其余地区位于中等风险区。

4.3.8 暴雨洪涝灾害防御措施

近年来，随着全球气候变暖，极端天气事件越来越多，人类生活、生产面临更大挑战，防御洪涝灾害，目前尚无成熟的方法，无非是防重于抗、绿化以防水土流失以及洪水位以下不进行永久性建筑等。从气象角度而言，首先应该建立、补充、完善历史洪涝信息系统，把握洪涝灾害的特征，了解其成因，做好掌握其时空分布规律所必需的基础性工作；其次应针对暴雨、冰雹等主要气象灾害进行风险区划，突出防御重点，明确防御目标，制定灾害风险规避防御措施；最后，有关部门在规划编制和项目立项中要统筹考虑气象灾害的风险性，避免和减少气象灾害、气候变化对重要设施和工程项目的影响，认真开展对城市规划、重大基础设施建设发展规划的气候可行性论证。

4.4　干旱灾害风险区划

4.4.1　技术流程

由于研究中所需数据量大，而 GIS 又是搜集、存储、整合、更新、显示空间数据的基本工具，因此我们首先建立了基于 GIS 的气象灾害数据库作为风险分析与识别、风险评价与区划的信息平台。本区划基于 GIS 技术进行气象灾害风险区划。技术流程如图 4.20 所示。

4.4.2　数据

数据包括气象资料、农业经济资料和地理信息数据，其中气象资料使用的是合江县及周边泸县、江安、长宁、兴文、叙永、古蔺、隆昌、富顺、南溪、宜宾、珙县共计 12 个气象站 1961—2016 年逐日降水、气温等数据。农业经济资料选用以乡（镇）为单位的合江县行政区土地面积、耕地面积、农作物播种面积、有效灌溉面积、农村人口、农业生产总值（GDP）、森林覆盖率等数据。地理信息数据选用基础地理信息资料，包括合江县 1：50 000GIS 数据中的 DEM 和水系数据。

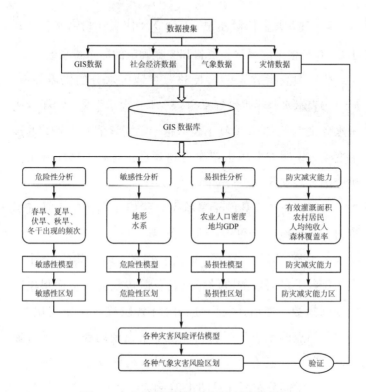

图 4.20　合江县干旱灾害风险评估流程图

4.4.3　合江县气象干旱灾害风险分析及区划

4.4.3.1　致灾因子危险性分析

我们用降水和气温两个因子对气象干旱灾害危险性进行表征。

我们先定义一个阶段湿润指数：

$$K = R/0.16 \sum t \ (\ K \leqslant 1.0)$$

式中：R 是阶段降水量，$0.16\sum t$ 代表作物需水量，其中 0.16 是根据灌溉试验资料和文献确定的需水量系数。

阶段湿润指数 K 能够反映一个地区水分的供需关系，$K = 1.0$ 表示水分供需恰好平衡，$K < 1.0$ 表示干旱，$K > 1.0$ 表示水分供大于求。K 值越小表示越干旱，该值由小到大的逐渐变化，说明农业用水依次得到满足，代表地区实际水分供应的客观规律。

为了分析合江县的干旱状况，我们先利用降水及气温资料，分别统计合江县及周边泸县、江安、长宁、兴文、叙永、古蔺、隆昌、富顺、南溪、宜宾、珙县共计 12 个站点历年各干旱时段的阶段降水量及阶段积温，从而得出阶段湿润指数。然后，我们分别统计各阶段干旱发生次数，建立各站点的干旱年序列和各级干旱出现的频率，通过插值，绘制合江县春旱、夏旱、伏旱、秋旱及冬干几种气象干旱频次空间分布图（见图 4.21～图 4.25）。

由合江县春旱灾害致灾强度指数分布情况（见图 4.21）可知，致灾强度指数由东南和西南至县域中部逐渐减小。自怀镇的致灾强度指数最大，在 74.81 之上；先滩镇、福宝镇、石龙镇东部、五通镇及九支镇西南部致灾强度指数较大，为 73.02～74.81；白鹿镇、南滩镇、甘雨镇、尧坝镇、法王寺镇大部，致灾强度指数为 71.23～73.02；参宝镇、白沙镇、神臂城镇、先市镇、佛荫镇、车辋镇、榕右乡、凤鸣镇南部、榕山镇，致灾强度指数为 69.47～71.23；其余乡镇致灾强度指数最小，在69.47以下。

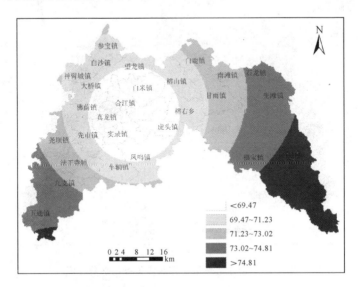

图4.21　合江县春旱灾害致灾强度指数分布图

　　由合江县夏旱灾害致灾强度指数分布情况（如图4.22）可知，夏旱致灾强度指数在合江县中部以合江镇为中心向县域东南和西南递增。致灾强度指数较大的区域主要集中在东南部的自怀镇以及西南部的五通镇，致灾强度指数在22.54以上；致灾强度指数最小的区域集中在真龙镇、实录镇、合江镇、白米镇、虎头镇西部、凤鸣镇的北部，致灾强度指数在15.66以下；合江县内其余大部分乡镇致灾强度指数为15.66~22.54。

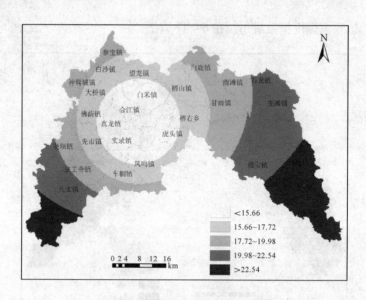

图4.22 合江县夏旱灾害致灾强度指数分布图

由合江县伏旱灾害致灾强度指数分布情况（图4.23）可知，伏旱致灾强度指数由县域中部向四周逐渐减小。合江县中部的真龙镇、实录镇、合江镇、白米镇、虎头镇西部、凤鸣镇北部地区致灾强度指数最大，在38.17以上；其次是周围乡镇部分区域，如榕山镇、榕右乡、车辋镇、先市镇、佛荫镇、望龙镇、大桥镇，致灾强度指数为36.05~38.17；县域东部的白鹿镇、福宝镇、自怀镇、南滩镇、甘雨镇致灾强度指数为34.3~36.05；合江县内其余地区致灾强度指数在32.14以下。

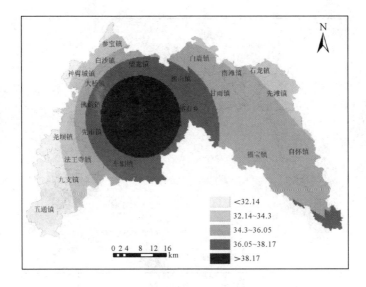

图 4.23 合江县伏旱灾害致灾强度指数分布图

由合江县秋旱灾害致灾强度指数分布情况（见图 4.24）可知，秋旱致灾强度指数以合江镇为中心向四周逐渐增大。致灾强度指数最大的区域集中在合江县西南部的五通镇和东南部的自怀镇，致灾强度指数在 60.94 以上；九支镇、福宝镇、先滩镇、石龙镇，致灾强度指数为 57.57~60.94；尧坝镇、法王寺镇、南滩镇、甘雨镇、白鹿镇东北部致灾强度指数为 54.53~57.57；致灾强度指数较小的区域分布在合江县中部的真龙镇、实录镇、合江镇、白米镇、虎头镇西部、凤鸣镇北部等地区，致灾强度指数在 51.63 以下。

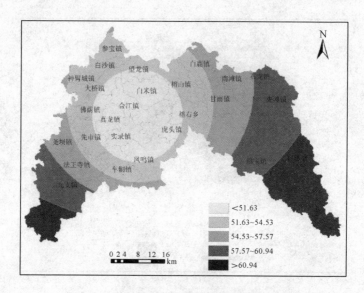

图 4.24　合江县秋旱灾害致灾强度指数分布图

由合江县冬干灾害致灾强度指数分布情况（见图 4.25）可知，冬干致灾强度指数以合江镇为中心向四周逐渐减小。致灾强度指数最大的区域集中在合江县中部的真龙镇、实录镇、合江镇、白米镇、虎头镇西部、凤鸣镇北部地区，致灾强度指数在 95.06 以上；致灾强度指数较大的区域分布在榕山镇、榕右乡、车辋镇、先市镇、佛荫镇、望龙镇、大桥镇，致灾强度指数为 93.13～95.06；福宝镇、甘雨镇、南滩镇、白鹿镇等致灾强度指数为 91.5～93.13；致灾强度指数较小的区域分布在尧坝镇东部、法王寺镇中部、九支镇东部、自怀镇、先滩镇、石龙镇、福宝镇东南部，致灾强度指数为 89.5～91.5；其余乡镇致灾强度指数最小，致灾强度指数在 89.5 以下。

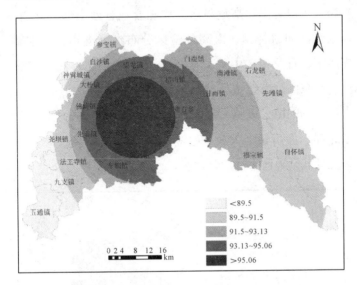

图 4.25　合江县冬干灾害致灾强度指数分布图

我们结合合江县当地实际情况，根据干旱种类权重越大，干旱灾害导致的后果越严重的原则，确定干旱致灾因子权重，将春旱、夏旱、伏旱、秋旱及冬干权重分别取为 0.15、0.3、0.4、0.05、0.1。

我们利用加权综合评价法，计算不同类别的干旱权重与灾害致灾强度指数的乘积之和，再利用 GIS 中自然断点分级法将致灾因子危险性指数按 5 个等级分区划分（高危险区、次高危险区、中等危险区、次低危险区、低危险区），并绘制致灾因子危险性区划图（见图 4.26）。

由合江县气象干旱灾害致灾因子危险性区划图（见图4.26）可以看出，高危险区集中在合江县西南部的五通镇及东南部的自怀镇；次高危险区分布在九支镇、福宝镇、先滩镇、石龙镇；中等危险区分布在尧坝镇、法王寺镇、白鹿镇东侧、南滩镇、甘雨镇大部；次低危险区分布在先市镇、车辋镇、凤鸣镇南部、榕右乡东部、榕山镇、望龙镇北部、佛荫镇、大桥镇、神臂城镇、白沙镇、参宝镇；合江县其余地区为低危险性区。

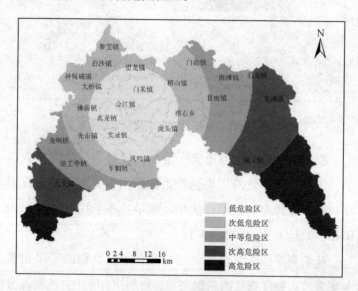

图4.26 合江县气象干旱灾害致灾因子危险性区划图

4.4.3.2 孕灾环境敏感性分析

对孕灾环境敏感性的分析可以从地形和水系两个方面进行。

地形因子主要考虑坡度因素，一般认为地表坡度影响着土壤演化、水土流失与土地质量，坡度越大，越易导致旱灾的形成。我们从合江县 1∶50 000 高程 GIS 数据中提取出坡度数据，对 GIS 中某一格点，计算其与周围 8 个格点的平均最大值。根据合江县的地形地貌特点，我们通过给合江县的地形坡度赋值，得到合江县干旱灾害地形影响指数分布图（见图 4.27）。

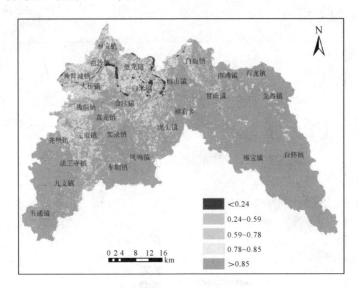

图 4.27　合江县干旱灾害地形影响指数分布图

由合江县干旱灾害地形影响指数分布图（见图 4.27）可以看出，受地形影响较小的地区主要分布于合江县西北部，如神臂城镇、白沙镇、参宝镇、望龙镇、白米镇、佛荫镇、榕山镇部分地方，灾害地形影响指数小于 0.78；其余地区灾害受地形影响较大，影响指数在 0.85 以上。

　　水系因子主要考虑合江县的河网密度。河网越密集的地方，遭受干旱灾害的风险越小，因此我们将水系因子视为干旱灾害的干扰因子之一。我们将一定半径范围内的河流总长度作为中心格点的河流密度，半径大小使用系统缺省值，在 1：50 000GIS 数据中采用 25 米×25 米的网格计算河网密度，从而得到合江县河网密度，对其规范化处理即得图 4.28。

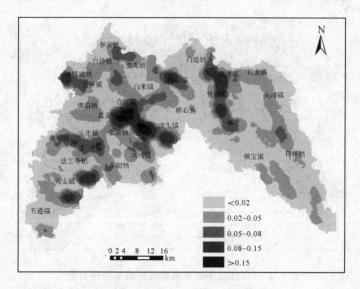

图 4.28　合江县水系影响指数分布图

　　由合江县水系影响指数分布图（见图 4.28）可以看出，神臂城镇、真龙镇、虎头镇、实录镇、榕山镇、甘雨镇、南滩镇、九支镇一带水系影响指数较大，在 0.08 以上；其次是自怀镇、先滩镇、石龙镇、尧坝镇、车辋镇、佛荫镇一带，水系影响指数为 0.02～0.08；其余大部分地区水系影响指数低于 0.02。

充分考虑到孕灾环境中地形、水系对气象干旱灾害的影响程度，综合多方专家的意见，我们将这两个因子分别赋权重值为 0.4、0.6。我们利用 GIS 中自然断点分级法，将孕灾环境敏感性指数按 5 个等级分区划分（高敏感区、次高敏感区、中敏感区、次低敏感区和低敏感区），基于 GIS 绘制出合江县孕灾环境敏感性指数区划图（见图 4.29）。

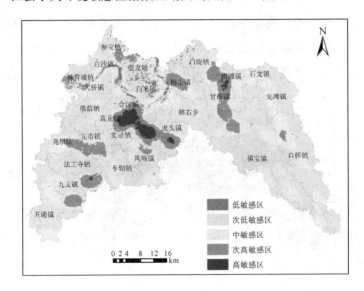

图 4.29　合江县气象干旱灾害孕灾环境敏感性区划图

由合江县气象干旱灾害孕灾环境敏感性区划图（见图 4.29）可以看出，受低山地貌特征影响，总体上来看合江县境内大部地方属次低敏感区到低敏感区。次高敏感区到高敏感区局部分布于神臂城镇、真龙镇、虎头镇、实录镇、榕山镇、甘雨镇、南滩镇、九支镇的部分地方。合江县境内其余大部分地方为次低敏感区到低敏感区。

4.4.3.3　承灾体易损性分析

干旱灾害对农业造成的危害程度与承受灾害的载体直接相关，它造成的损失大小一般取决于发生地的农业经济、农业人口密集程度等因素。农业经济越发达，承灾体遭受的潜在灾害损失就越大；农业人口越密集，环境遭受破坏、生态恶化的可能性也就越大。根据合江县农村经济统计数据，我们得到地均农业 GDP、农业人口密度 2 个易损性评价指标（见图 4.30 和图 4.31）。

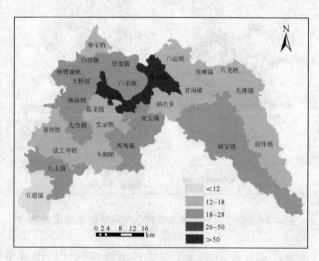

图 4.30　合江县地均 GDP 分布图（单位：万元/公顷）

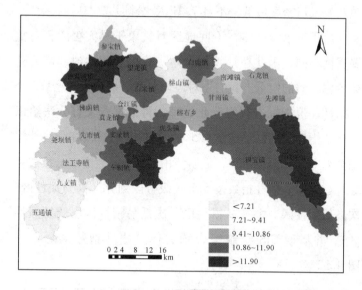

图4.31 合江县农业人口密度分布图（单位：人/公顷）

合江县地均GDP分布图如图4.30所示。榕山镇、合江镇地均GDP最高，在50万元/公顷以上；白沙镇、望龙镇、神臂城镇、大桥镇、白米镇、佛荫镇、凤鸣镇、先市镇、虎头镇、九支镇、福宝镇次之，地均GDP为18万元/公顷~26万元/公顷；其余地区地均GDP均在18万元/公顷以下，其中五通镇最低，地均GDP在12万元/公顷以下。

合江县农业人口密度分布图如图4.31所示。合江县农业人口密度最高的地区分布在神臂城镇、白沙镇、大桥镇，农业人口密度大于11.9人/公顷；其次是自怀镇、凤鸣镇，农业人口密度为10.86~11.9人/公顷；其余地区农业人口密度均在10.86人/公顷以下，其中九支镇、五通镇、榕山镇农业人口密度最低，不足 7.21 人/公顷。

　　由于每个承灾体在不同地区对气象干旱灾害的相对重要程度不同，因此在计算综合承灾体的易损性时，需要充分考虑它们的权重。我们先对地均 GDP、农业人口密度2 个易损性评价指标进行规范化处理，再根据专家打分法给以上 2 个指标分别赋予权重 0.5 和 0.5，利用加权综合法计算综合承灾体易损性指数，最后使用 GIS 中自然断点分级法将综合承灾体易损性指数按 5 个等级分区划分（高易损性区、次高易损性区、中等易损性区、次低易损性区、低易损性区），并基于 GIS 绘制综合承灾体易损性指数区划（见图 4.32）。

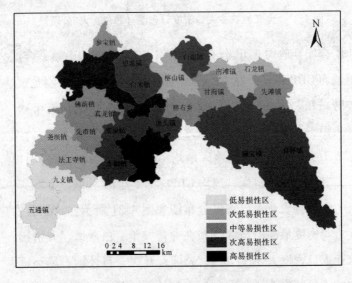

图 4.32　合江县干旱灾害承灾体易损性区划图

由合江县干旱灾害承灾体易损性区划图（见图4.32）可以看出，高易损性区主要分布于神臂城镇、白沙镇、大桥镇、凤鸣镇、合江镇；次高易损性区主要分布于自怀镇、福宝镇、车辋镇、虎头镇、实录镇、望门镇、白米镇、白鹿镇；佛荫镇、真龙镇、先市镇、参宝镇、榕右乡、甘雨镇、先滩镇为中等易损性区；其余地区为次低易损性区到低易损性区。

4.4.3.4 防灾减灾能力分析

防灾减灾能力描述为应对干旱灾害造成的损害而进行的工程和非工程措施。考虑到这些措施和工程的建设必须要有当地政府的经济支持，因此对防灾减灾能力的分析主要从有效灌溉面积比重、森林覆盖率、农村居民人均纯收入3个因素来展开。

合江县有效灌溉面积比重分布不均，如图4.33所示。福宝镇、南滩镇、石龙镇、合江镇、凤鸣镇、神臂城镇有效灌溉面积比重最高，在45.93%以上；法王寺镇、车辋镇、五通镇次之，有效灌溉面积比重为39.63%~45.93%；其余地区有效灌溉面积均在39.63%以下，其中白米镇、白鹿镇、实录镇、虎头镇、九支镇有效灌溉面积比重最低，不足32.33%。

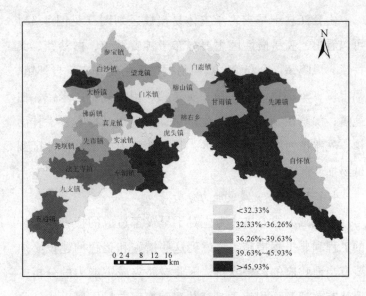

图 4.33　合江县有效灌溉面积比重分布图

　　由合江县森林覆盖率分布情况（见图 4.34）可知，合江县森林覆盖率最高的乡镇为福宝镇、自怀镇、凤鸣镇、车辋镇、先市镇、尧坝镇，森林覆盖率高于 53.69%；其次是青龙镇、实录镇、九支镇、榕右乡、甘雨镇、南滩镇、先滩镇，森林覆盖率为 47.29%~53.69%；其余乡镇森林覆盖率均低于 47.29%，其中参宝镇、白沙镇、神臂城镇、大桥镇、佛荫镇、望龙镇、白米镇森林覆盖率最低，森林覆盖率不足 29.5%。

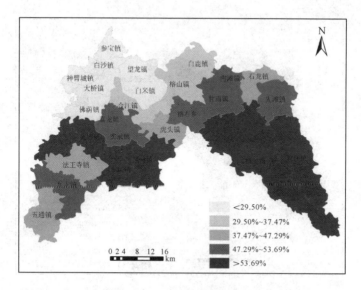

图 4.34　合江县森林覆盖率分布图

　　由合江县农村居民人均纯收入分布情况（见图 4.35）可知，佛荫镇、真龙镇、合江镇、白米镇、榕山镇、大桥镇农村居民人均纯收入最高，在 12 400 元/人以上；尧坝镇、先市镇、法王寺镇、九支镇、凤鸣镇、先市镇、实录镇、虎头镇、白鹿镇、神臂城镇次之，农村居民人均纯收入为 11 800~12 400 元/人；其余乡镇的农村居民人均纯收入均在 11 800 元/人以下，其中榕右乡、自怀镇、先滩镇、南滩镇、石龙镇最低，农村居民人均纯收入低于10 200 元/人。

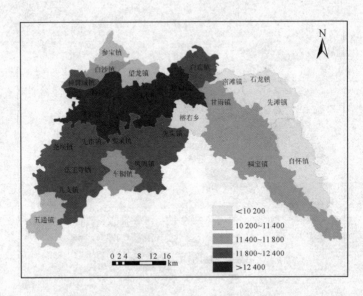

图 4.35　合江县农村居民人均纯收入分布图（单位：元/人）

　　将有效灌溉面积比重、森林覆盖率、农村居民人均纯收入规范化后，给以上 3 个指标分别赋予权重 1/3、1/3、1/3，利用加权综合法计算综合防灾减灾能力指数。我们利用 GIS 中自然断点分级法，根据防灾减灾能力指数按 5 个等级分区划分（高抗灾能力区、次高抗灾能力区、中等抗灾能力区、次低抗灾能力区、低抗灾能力区），并基于 GIS 绘制气象干旱灾害防灾减灾能力区划图（见图 4.36）。

　　由合江县干旱灾害防灾减灾能力区划图（见图 4.36）可以看出，次高抗灾能力区到高抗灾能力区主要分布于福宝镇、凤鸣镇、尧坝镇、法王寺镇、车辋镇、先市镇、合江镇；中等抗灾能力区分布于神臂城镇、九支镇、佛荫镇、

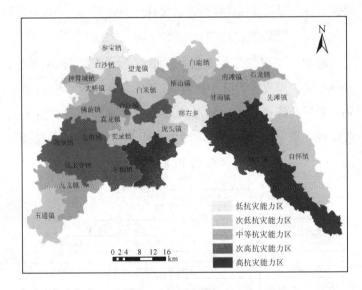

图4.36 合江县干旱灾害防灾减灾能力区划图

真龙镇、榕山镇、甘雨镇、南滩镇、石龙镇；其余地区为
次低抗灾力区到低抗灾能力区。

4.4.3.5 气象干旱灾害风险评估及区划

合江县气象干旱灾害风险区划是在充分考虑到对孕灾环
境敏感性、致灾因子危险性、承灾体易损性和防灾减灾能力
4个因子进行定量分析评价的基础上，为了反映灾害风险分
布的地区差异性，根据风险度指数的大小，将风险区划分为
若干个等级。考虑到各评价因子对风险的构成所起作用并不
完全相同，我们在征求水利、国土、农业、气象、气候等多
方专家后，将合江县气象干旱灾害风险涉及的因子权重系数
加以汇总（见图4.37）。根据合江县气象干旱灾害风险指数

公式计算干旱灾害风险指数。具体计算公式为：

$$FDRI = (VE^{we})(VH^{wh})(VS^{ws})(10 - VR)^{wr}$$

式中：FDRI 为干旱灾害风险指数，用于表示风险程度，其值越大，则灾害风险程度越大；VE、VH、VS、VR 的值分别表示风险评价模型中的孕灾环境的敏感性、致灾因子的危险性、承灾体的易损性和防灾减灾能力各评价因子指数；we、wh、ws、wr 是各评价因子的权重。

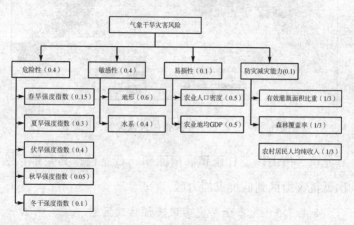

图 4.37 合江县干旱灾害风险区划权重

我们将灾害危险性、孕灾环境敏感性、承灾体易损性以及防灾减灾能力 4 个因子规范化处理后，给以上 4 个指标分别赋予权重 0.4、0.4、0.1、0.1，利用加权综合法，采用气象干旱灾害风险评估模型，计算出各地气象干旱灾害风险指数。我们利用 GIS 中自然断点分级法将气象干旱风险指数按 5 个等级分区划分（高风险区、次高风险区、中等风险区、次低风险区、低风险区），并基于GIS绘制农业气象干旱灾害风险区划图（见图4.38）。

由合江县干旱灾害风险区划图（见图4.38）可以看出，合江县气象干旱次低风险区到低风险区主要分布于县域中西部，如合江镇、真龙镇、实录镇、白米镇、凤鸣镇、虎头镇、佛荫镇、先市镇、榕右乡东部；次高风险区到高风险区主要集中在合江县西南部的五通镇、九支镇、法王寺镇、尧坝镇南部以及东南部的先滩镇、自怀镇、福宝镇东南部；合江县其余大部地区为中等风险区。

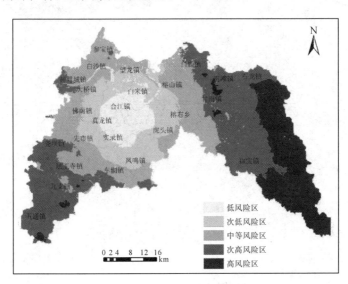

图4.38　合江县干旱灾害风险区划图

4.4.3.6　气象干旱灾害防御措施

根据合江县干旱灾害风险区划分析，合江县西南部及南部部分地区干旱灾害发生频次高、地形条件较差，为干旱灾害高风险区，干旱灾害发生的可能性较高，而合江县西北部及东北部则相对风险较低。为有效减轻干旱灾害带来的损失，各地应积极采取措施趋利避害。一是各地应根据干旱灾害风险等级调整农业产业结构，在高风险区种植耐旱作物。二是各地应兴修水利，在雨水充足时期做好储水、保水工作；加快毗河引水等水利扩建工程，改善灌溉条件。三是加强天气、气候的监测预警，提前做好防御。

5 合江县气象与大春农作物生产

　　农业生产过程主要是在自然条件下进行的，气候和土壤条件是最基本、最重要的自然环境和资源因素。而土壤的形成、水热状况和微生物活动等，在很大程度上又受气候条件的制约。可以说，农业是对环境气象条件最为敏感和依赖性最强的产业。本章将介绍水稻、小麦、玉米与油菜生长发育的气象指标；水稻、小麦、玉米生长发育各阶段合江县的光、热、水资源与指标的对比；合江县主要粮食水稻、玉米的气候适应性区划。编写本章的目的在于阐述合江县的农业气候资源，本着发挥农业气候资源优势，避免和克服不利气象条件，因地制宜，适当集中的原则，对合理调整农业结构、建立各类农业生产基地、确立适宜的种植制度、调整作物布局以及农业发展方向等问题，从农业气象的角度来提出建议。

5.1　水稻生长与气象

5.1.1　水稻生长发育及其气象指标

5.1.1.1　播种出苗期

水稻播种的三基点温度如下：最低温度为 10~12℃，最适温度为 20~23℃，最高温度为 40℃。一般以日平均气温稳定通过 10℃和 12℃的初日分别作为早稻和早播中稻的早播界限期。日平均气温小于 12℃连续 5 天以上或日平均气温小于 5℃连续 2 天以上时，水稻易出现烂秧。

薄膜保温旱育秧适宜播种期的日平均气温为稳定通过 6.5℃。温室秧或小苗秧的安全播种期为气温稳定在 15℃以上。旱育秧适播期日平均气温为 8~10℃。

5.1.1.2　移栽期

水稻移栽的最低温度为 13~15℃，最适温度为 25~30℃，最高温度为 35℃。温度过高时，容易高温烧苗。

水稻移栽时需 30 毫米的浅水层覆盖，有利于促进分蘖；返青时水层适当加深，以 40~50 毫米为宜。

5.1.1.3　分蘖期

水稻分蘖的三基点温度如下：最低气温为 15~16℃，水温为 15~16℃；最适宜气温为 23~32℃，水温为 32~34℃；最高气温为 38~40℃，水温为 40~42℃。当气温低于 20℃ 或高于 37℃ 时，分蘖发生便受到显著的阻碍；当气温为 15℃ 时分蘖停止发生；当气温在 15℃ 以下时，分蘖处于停止生长状态。

水稻分蘖期宜浅水勤灌，后期为促进分蘖的两极分化宜晒田控蘖，晒田时，一般土壤水分达到田间持水量的 70% 以上才有利于分蘖。水分过多或过少，都对分蘖有抑制作用。若稻田灌水过深，则因地温低、土壤中氧气少，分蘖受抑制；若稻田水分过少，则稻株的生理机能减弱，分蘖也受到抑制。

水稻分蘖需要充足的光照。若插秧后遇连阴雨寡照天气，则分蘖开始迟、分蘖期短、分蘖数量少。

5.1.1.4 孕穗（幼穗分化）期

水稻幼穗分化的三基点温度如下：最低温度为 15℃，最适温度为 25~30℃，最高温度为 40℃；穗发育的最适温度为 26~30℃，以昼温 35℃、夜温 25℃ 更为适宜。水稻幼穗分化期对低温天气较敏感，日平均气温持续 3 天以上低于 23℃（籼稻），或者低于 20℃（粳稻），日最低气温低于 15℃，就会造成颖花退化、不实粒增加和抽穗延迟。

幼穗发育期是水稻生长周期中需水量最多的时期，约占全生育期需水量的 25%~30%。稻田应保持较深的水层（50~80 毫米）才能维持水稻正常的生长发育。田间水层过浅影响颖花发育，田间水层过深则会出现畸形穗花，并造成烂根和倒伏。

在田间条件下，光照越充足，对穗花分化发育越有利；穗分化期如遇光照不足，会使颖花减少或退化，影响产量。

5.1.1.5 抽穗、开花期

水稻抽穗开花速度与温度有密切关系，温度高，抽穗开花快而集中。抽穗开花最适宜温度为 25~32℃（杂交稻为 25~30℃），最高温度为 40~45℃，最低温度为 12~15℃。早、中稻常在抽穗当天开花，晚稻则常在抽穗后 1~2 天开花。水稻花期对高温和低温天气都较敏感，当遇连续 3 天日平均气温低于 20℃（籼稻），易形成空壳和瘪谷。气温在 35℃以上（杂交稻 32℃以上）易造成结实率下降。

开花受精的最适宜空气相对湿度为 70%~80%，宜保持适当浅水层。浅水有利于提高株间温度，降低湿度，使开花速度快，授粉良好。深水层或空气湿度过大容易使花粉活力降低，抑制开花授粉。

晴暖微风的天气对开花最为有利，授粉好，结实率高。若阴雨多、日照少，则花粉发育不良，使空秕粒增加。

5.1.1.6 灌浆期

灌浆期三基点温度如下：最低温度为 18℃，最适温度为 22~28℃，最高温度为 35℃。灌浆期间气温日较差越大越有利于增加粒重。灌浆期若遇上 35℃以上的高温，则会出现高温逼熟，使水稻的半实率和秕粒增加。

水稻灌浆期应保持干湿交替。乳熟期缺水，影响有机物向粒籽输送；如长期深灌，则根系活力和叶片同化能力削弱，稻株早衰，均使秕粒增多，粒重减轻。

5.1.2 水稻生长气象指标与合江县水稻生长气候资源对比分析

本部分主要介绍水稻各个生长发育阶段内合江县温度、光照、降水等气候条件以及在各阶段易遭受的不利气象条件和采取的趋利避害的措施建议，详见表5.1。

表5.1 合江县水稻生长各阶段

温、光、水资源对照分析表

物候期	时段	气候条件			不利影响	重要农事季节、主要农事活动及关键生育期等对气象条件的要求	农事建议
		光	温	水			
播种至出苗期	3月10日至4月20日	3月中旬平均日照时数28.5小时；3月下旬平均日照时数30.9小时；4月上旬平均日照时数31.1小时；4月中旬平均日照时数40.7小时	3月中旬平均气温14.1℃；3月下旬平均气温15.1℃；4月上旬平均气温17.0℃；4月中旬平均气温18.4℃	3月中旬平均降雨量14.4毫米；3月下旬平均降雨量20.8毫米；4月上旬平均降雨量27.9毫米；4月中旬平均降雨量29.5毫米	春季低温连阴雨	1. 发芽：最低气温10～12℃，最高温度40～42℃，最适温度20～23℃。 2. 大田播种：日平均气温稳定在10℃以上，最低气温5℃以上，连续3～5个晴好天气。 3. 保温育秧：日平均气温稳定在6.5℃以上，连续3个以上晴好天气。 4. 幼苗：最适温度25～30℃	1. 适时抢晴播种。 2. 保温育秧秧田，做到"湿播旱育"，播后7～10天以密闭为主，气温超过25℃，应及时通风炼苗，通过逐渐揭膜炼苗及时抛栽。 3. 育苗移栽田，做到湿润扎根，浅水勤灌，遇寒潮时，灌水护秧，温度回升后逐渐排水，防止淹水时间过长。 4. 秧田施足基肥，及时施"断奶肥""起身肥""送嫁肥"。 5. 及时防治病虫害，除草、除秤

表5.1(续)

物候期	时段	气候条件			不利影响	重要农事季节、主要农事活动及关键生育期等对气象条件的要求	农事建议
		光	温	水			
移栽至分蘖期	4月21日至5月20日	4月下旬平均日照时数44.6小时;5月上旬平均日照时数50.1小时;5月中旬平均日照时数41.7小时	4月下旬平均气温20.1℃;5月上旬平均气温22.0℃;5月中旬平均气温22.1℃	4月下旬平均降雨量44.6毫米;5月上旬平均降雨量50.1毫米;5月中旬平均降雨量41.7毫米	低温阴雨、暴雨洪涝、稻飞虱	1.移栽后温度小于等于12℃,持续5天,并伴有阴雨,易造成僵苗死苗。2.移栽返青:最低温度15℃,最适温度20~25℃,风力小于3级。3.分蘖、拔节:最低温度15~16℃,最适温度23~32℃,晴朗微风,日照充足	1.有水返青,浅水分蘖;早施分蘖肥;及时除草除稗;查苗补缺,移密补稀。2.三类苗及早施分蘖肥。3.及时晒田控分蘖,晒田复水后看苗巧施孕穗肥,及时防治病虫害。4.低温来临时,灌水护苗,温度回升后逐渐排水增温。5.发现部分死苗,及时移苗补兜。
孕穗至抽穗、开花期	5月21日至6月30日	5月下旬平均日照时数41.2小时;6月上旬平均日照时数37.5小时;6月中旬平均日照时数37.8小时;6月下旬平均日照时数40.2小时	5月下旬平均气温22.6℃;6月上旬平均气温23.6℃;6月中旬平均气温24.4℃;6月下旬平均气温25.3℃	5月下旬平均降雨量59.4毫米;6月上旬平均降雨量50.1毫米;6月中旬平均降雨量57.5毫米;6月下旬平均降雨量58.0毫米	暴雨洪涝、稻飞虱、小满寒、穗颈稻瘟病、高温逼熟	1.孕穗、抽穗:最低气温20℃,最适气温26~30℃。2.抽穗扬花期无雨,风力1~2级。3.最适气温25~30℃,昼夜温差大,日照充足。4.暴雨强降水,对孕穗不利	1.湿润或浅水孕穗,寸水抽穗。2.看苗的情补施穗粒肥,后期叶面喷肥。3.抽穗田里有浅水,灌浆结实期以湿为主,防止断水过早。
灌浆成熟期	7月1日至7月20日	7月上旬平均日照时数44.4小时;7月中旬平均日照时数59.9小时	7月上旬平均气温26.2℃;7月中旬平均气温27.4℃	7月上旬平均降雨量81.8毫米;7月中旬平均降雨量52.0毫米	高温逼熟	最适气温22~28℃,昼夜温差大,日照充足	1.遇高温采用灌水或流灌降温。2.遇暴雨洪涝要及时排涝。3.养根保叶,争粒、争重。4.防止断水过早。乳熟至黄熟,田间以湿为主,做到青秆黄熟籽粒饱满,粒重增加

5.1.3 合江县水稻种植农业气候区划

为了科学规划合江县优质水稻的生产和布局,推动农业、农村经济的发展,我们经过调研、考察和分析研究,基于GIS地理信息系统,完成了合江县水稻种植农业气候区划，希望该成果能对合江县的农业产业化布局和发展起到科学的指导作用。

5.1.3.1　区划指标

我们根据对水稻各个生长时期所需的不同气候条件的分析研究，参考有关方面的研究成果，在多次实地考察调研的基础上，采用全年累积降水量、播种至抽穗期的大于等于10℃积温、抽穗至成熟期的平均气温、抽穗至成熟期的总日照时数四个气候要素作为区划因子。

全年累积降水量是衡量优质水稻生产用水能否得到有效保障的主要因子；播种至抽穗期（3—7月）的大于等于10℃积温是衡量水稻生长前期的热量水平能否满足水稻形成丰产结构的需求；抽穗至成熟期（7—8月）的平均气温及总日照时数，是衡量能否形成优质水稻的重要气象因子。具体区划指标见表5.2。

表5.2　　　　　水稻种植农业气候区划指标

项目 ＼ 级别	最适宜	适宜	次适宜
播种至抽穗期的大于等于10℃积温（℃）	≥2 600	2 500~2 600	≤2 500
抽穗至成熟期的平均气温（℃）	26~27	>27	<26
抽穗至成熟期的总日照时数（小时）	≥220	200~220	
年降水量（毫米）	≥900	800~900	<800

图 5.1～图 5.4 分别为合江县 3—7 月大于 10℃ 积温、7—8月平均气温、7—8 月日照时数、年降水量的地理分布及水稻种植适宜性分级。

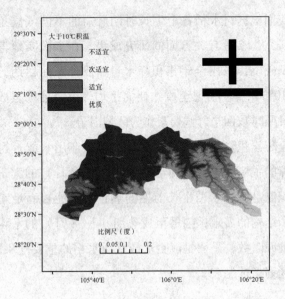

图 5.1　3—7 月大于 10℃ 积温

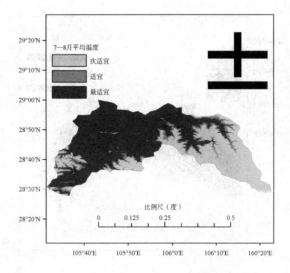

图 5.2 7—8 月平均气温

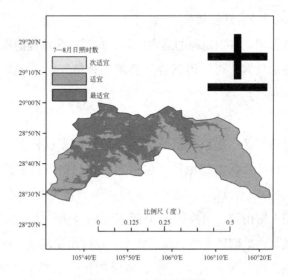

图 5.3 7—8 月日照时数

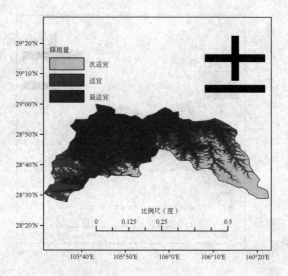

图 5.4　年降水量

5.1.3.2　区划结果

我们根据各项指标的适宜区域，通过 GIS 地理信息系统进行叠加计算，可以得到合江县水稻种植气候区划图（如图 5.5 所示）。

5.1.3.3　分区描述

最适宜区：水稻种植的气候最适宜区面积较大，主要集中在合江县低海拔地区，包括参宝镇、白沙镇、神臂城镇、大桥镇、合江镇、白米镇、佛荫镇、真龙镇、实录镇、先市镇、榕山镇、白鹿镇等偏西偏北的乡镇。上述区域海拔均较低，地貌以平坝、浅丘为主，年降水量均在 1 000 毫米以上，自然降水资源能很好地保障优质水稻生产需求。在水稻播种至抽穗期间的大于等于 10℃ 积温在 2 600℃ 以

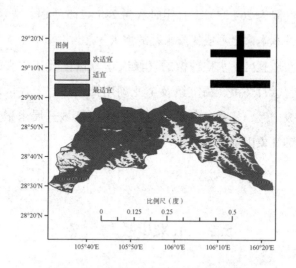

图 5.5 合江县水稻种植气候区划图

上，热量资源条件利于促进水稻生长前期形成大田丰产结构。在抽穗至成熟期间，该区域的平均气温在 27℃ 左右，日照时数为 200~210 小时，较好的光、热、水条件基本满足形成优质水稻的需求。盛夏高温是影响该区域水稻高产、优质年际变化的主要气象因子。

适宜区：水稻种植的气候适宜区主要集中在合江县中部及南部海拔相对较高的由浅丘向高山过渡地带和大小漕河的河谷地带。上述区域为海拔相对较高地区，年降水量均在 900~1 000 毫米，自然降水资源能很好地保障优质水稻生产需求。在水稻播种至抽穗期间的大于等于 10℃ 积温在 2 500~2 600℃ 之间，热量资源条件基本满足水稻生长前期形成大田丰产结构的需求。在抽穗至成熟期间，该区域的平均气温为 26~27℃，日照时数为 205~215 小时，光、热、水条件基本满足形成优质水稻的需求。

次适宜区：水稻种植的气候次适宜区主要集中在高山区，包括自怀镇、福宝镇及金龙湖南部山区。上述区域为高海拔山区，热量条件的不足是制约该区域开展水稻生产的关键气象因子。

5.2 玉米生长与气象

5.2.1 玉米生长发育及其气象指标

玉米，亦称苞谷、苞米、棒子，是一年生禾本科植物，是重要的粮食作物和重要的饲料来源，也是全世界总产量最高的粮食作物。玉米气候适应性比较广泛，凡大于等于 10℃ 积温在 1 900℃ 以上，无霜期内平均气温超过 15℃，夏季平均气温在 18℃ 以上的地区均可种植。

5.2.1.1 播种至出苗期

种子萌发最适宜温度为 25~35℃，最低温度为 6~8℃，最高温度为 40~45℃。日平均气温低于 8℃ 可造成粉种（种子在土壤中滞留时间过长而不能发芽）。

春玉米播种的适宜土壤相对湿度为 65%~75%。土壤相对湿度大于 80%时会出现发芽不良、易霉烂的现象。土壤相对湿度低于 60%，种子迟迟不能发芽，造成缺苗断垄或大面积毁种。

播种时日平均气温的高低会影响出苗速度。播种后当日平均气温为 10~12℃时，18~20 天春玉米出苗；播种后当日平均气温为 15~18℃时，8~10 天春玉米就可出苗。

5.2.1.2 幼苗生长期

春玉米幼苗生长最适宜的温度范围是 25~38℃，日平均气温为 18~20℃。

玉米幼苗生长期遇到日最低气温低于 4~5℃时，根系停止生长；日最低气温低于 2~3℃时，幼苗地上部分影响正常生长；短时气温低于-2℃时幼苗会死亡。日最高气温高于 40℃时，幼苗茎叶生长受抑制。

幼苗生长适宜的土壤相对湿度为 60%~75%，蹲苗时适宜的土壤相对湿度为 55%~60%。

5.2.1.3 拔节孕穗期

当日平均气温达到 18℃以上时，植株开始拔节；当日平均气温低于 10~12℃时，茎秆停止生长；当日平均气温超过 32℃时，生长速度减慢。

幼穗分化的最适温度为 24~26℃，最低温度为 18℃，最高温度为 38℃。日平均气温在 10℃时，雄穗花瘪；日平均气温在 17℃时，雌穗分化停止。

拔节孕穗期适宜的土壤相对湿度为 70%~80%。土壤含水量低于 15% 易造成雌穗部分不孕或空秆。

拔节孕穗期适宜的光照条件为日照时数 7~10 小时。

拔节后降水量在 30 毫米以上，平均气温 25~27℃ 是茎叶生长的适宜温度。

雌穗发育的适宜温度为 17℃，雄穗发育的适宜温度为 10℃。

5.2.1.4 抽穗（雄）花开花期

抽穗（雄）开花期最适宜的温度为 25~28℃，最低温度为 18℃，最高温度为 30℃。日最高气温高于 38℃ 或低于 18℃ 时，花粉不能开裂散粉。日平均气温高于 32℃，空气相对湿度低于 50% 的高温干燥条件下，雄穗不能抽出，或花粉迅速干瘪而丧失生命力，造成空穗或凸顶。

抽穗（雄）开花期适宜的空气相对湿度为 70%~90%。空气相对湿度低于 30% 或高于 95% 时，花粉就会丧失活力，甚至停止开花。

花期适宜的土壤相对湿度为 70%~80%。

花期适宜的光照条件是每天日照 8~12 小时。

5.2.1.5 灌浆成熟期

灌浆成熟期最适宜的气温为日平均气温 22~24℃，最低温度为 16℃，最高温度为 32℃。日平均气温低至 16℃ 时，停止灌浆。日平均气温高于 25℃ 时，呼吸消耗增强，功能叶片老化加快，籽粒灌浆不足。灌浆时如遇到 3℃ 的低温，则作物完全停止生长，持续数小时的 -3~-2℃ 的霜冻就会造成植株死亡。

5.2.2 玉米生长气象指标与合江县玉米生长气候资源对比分析

本部分主要介绍玉米各个生长发育阶段内合江县温度、光照、降水等气候条件以及在各阶段易遭受的不利气象条件和采取的趋利避害的措施建议，详见表5.3。

表 5.3　　合江县玉米生长各阶段
温、光、水资源对照分析表

物候期	时段	气候条件			不利影响	重要农事季节、主要农事活动及关键生育期等对气象条件的要求	农事建议
		光	温	水			
播种至出苗期	2月20日至4月20日	3月中旬平均日照时数28.5小时；3月下旬平均日照时数30.9小时；4月上旬平均日照时数31.1小时；4月中旬平均日照时数40.7小时	3月中旬平均气温14.1℃；3月下旬平均气温15.1℃；4月上旬平均气温17.0℃；4月中旬平均气温18.4℃	3月中旬平均降雨量14.4毫米；3月下旬平均降雨量20.8毫米；4月上旬平均降雨量27.9毫米；4月中旬平均降雨量29.5毫米	1. 气温低于8℃，发芽极为缓慢，容易受到土壤中有害微生物的侵染而腐烂。2. 土壤表层相对湿度＜60%，对出苗和苗期生长不利，出苗不齐，植株矮小，根系发育受阻，甚至造成叶片凋萎植株死亡	玉米发芽的下限气温为6~8℃，28~35℃发芽最快。5厘米地温稳定在10~12℃以上时为适宜播种。播种时耕层土壤湿度应保持在田间持水量的65%~75%。苗期最适温度为18℃~20℃，土壤5厘米地温20~24℃适宜根系生长	1. 选用高产、优质、抗逆性强的玉米杂交种。2. 抢墒、抢时早播。3. 合理密植应根据品种特性和地力而定，高肥区可适当增加密度。4. 播种深度：一般以5~6厘米深为宜。墒情较好的黏土地，应适当浅播，以4~5厘米为宜；疏松的沙质壤土，适当深播，以6~7厘米为宜。若土壤水分较高，不宜深播。播后及时镇压保墒，以利出苗
三叶期	4月21日至5月20日	4月下旬平均日照时数44.6小时；5月上旬平均日照时数50.1小时；5月中旬平均日照时数41.7小时	4月下旬平均气温20.1℃；5月上旬平均气温22.0℃；5月中旬平均气温22.1℃	4月下旬平均降雨量44.6毫米；5月上旬平均降雨量50.1毫米；5月中旬平均降雨量41.7毫米	连阴雨、土壤水分多时，会使种子腐烂造成缺苗，幼苗根系分布变浅，不利于全苗壮苗	适宜的降水和充足的日照	1. 立即进行查苗，缺苗较多时，要进行补种，补种的种子采用浸种催芽的方法，促使提早出苗。2. 适时进行间苗、定苗可以避免幼苗拥挤、相互遮光，节省土壤养分和水分，有利于培育壮苗。3. 适时中耕、除草、适时追肥

表5.3(续)

物候期	时段	气候条件			不利影响	重要农事季节、主要农事活动及关键生育期等对气象条件的要求	农事建议
		光	温	水			
拔节期	5月21日至6月30日	5月下旬平均日照时数41.2小时；6月上旬平均日照时数37.5小时；6月中旬平均日照时数37.8小时；6月下旬平均日照时数40.2小时	5月下旬平均气温22.6℃；6月上旬平均气温23.6℃；6月中旬平均气温24.4℃；6月下旬平均气温25.3℃	5月下旬平均降雨量59.4毫米；6月上旬平均降雨量50.1毫米；6月中旬平均降雨量57.5毫米；6月下旬平均降雨量58.0毫米	1. 气温低于18℃不利于拔节生长。2. 抽前10天到后20天为玉米需水临界期或关键期，也是需水高峰期。若此时期水分条件不能满足耗水要求，会使茎叶生长变慢，植株体变小，小穗小花数减少，严重影响产量	1. 日平均气温达标时，植株开始拔节，并随温度升高生长加快，适宜温度为24~26℃。2. 此时期需水量110~135毫米，占总需水量的30%左右。3. 土壤相对湿度为70%~80%	1. 追肥：第一次在拔节期，第二次在大喇叭口期，两次追肥的比例依计划产量而定。由于农家肥、磷、钾肥都可作底肥或苗肥施入，因此穗期追肥主要是氮肥。2. 施肥应与灌水相结合，可使施肥效益提高。3. 中耕培土，有利于气生根的发生和伸展，防止倒伏，同时有利于灌溉和排水。4. 注意大喇叭期的水分供应
抽雄吐丝期	5月10日至6月10日	7月上旬平均日照时数44.4小时；7月中旬平均日照时数59.9小时	7月上旬平均气温26.2℃；7月中旬平均气温27.4℃	7月上旬平均降雨量81.8毫米；7月中旬平均降雨量52.0毫米	1. 气温高于32℃，阴雨或气温低于18℃、空气相对湿度低于50%、土壤相对湿度低于50%，均有损开花授粉。2. 气温低于24℃不利于抽雄	1. 下限平均气温为18℃，最适平均气温为25~28℃。2. 空气相对湿度70~90%为宜，雨过天晴伴有微风利于开花授粉。3. 此时期需水量50~60毫米为最好。4. 此时需水量占总需水量的14%左右。5. 抽雄前10天至后20天，需水量270毫米适合有机质合成，利于高产	玉米此阶段时间较短，田间管理措施与灌浆成熟期合并
灌浆成熟期	6月10日至7月10日	6月中旬日照时数37.8小时；6月下旬日照时数40.2小时；7月上旬日照时数44.4小时	6月中旬平均气温24.4℃；6月下旬平均气温25.3℃；7月上旬平均气温28.0℃	6月中旬平均降雨量57.5毫米；6月下旬平均降雨量58.0毫米；7月上旬平均降雨量81.8毫米	在籽粒灌浆成熟时期，日平均气温超过25℃或低于16℃，均影响酶活动，不利于养分积累和运转。15℃是停止灌浆的界限温度。低于20℃时光合作用降低，灌浆速度减慢；高于25℃时呼吸消耗增强，功能叶片老化加快，籽粒灌浆不足	1. 灌浆阶段下限平均气温16℃，最适平均气温22~24℃。2. 最适宜灌浆的日照时数7~10小时，适宜日照时数4~12小时。3. 土壤相对湿度为70%~80%最适。需水量在130~160毫米，占总需水量的35%左右	1. 田间管理的中心任务是养根护叶、防止早衰，延长灌浆时间，提高灌浆强度，促进籽粒干物质积累，增加粒数，提高粒重。2. 施粒肥，在前期施肥较少或表现出有脱肥迹象时，应补施粒肥，粒以速效氮肥为主。3. 浇水，水分不足，会造成雌、雄穗花期脱节，影响授粉秃顶。及时浇抽雄开花水，可以促进开花授粉，减少秃顶缺株。但水分也不宜过多，超过80%，会引起根系缺氧，导致根系早衰，降低粒重。因此，后期遇雨还应注意排涝

表5.3(续)

物候期	时段	气候条件			不利影响	重要农事季节、主要农事活动及关键生育期等对气象条件的要求	农事建议
		光	温	水			
收获期	7月中旬至8月初	7月中旬日照时数59.9小时;7月下旬日照时数79.0小时	7月中旬平均气温27.4℃;7月下旬平均气温28.0℃	7月中旬降雨量52.0毫米;7月下旬降雨量62.0毫米	连阴雨	晴朗天气	在苞叶发黄后7~10天,即籽粒乳线消失、基部黑层出现时收获,一般可增产10%左右

5.2.3　合江县玉米种植农业气候区划

5.2.3.1　区划指标

我们根据对玉米各个生长时期所需的不同气候条件的分析研究,参考有关方面的研究成果,在多次实地考察调研的基础上,采用全年累积降水量、播种至抽穗期的大于等于10℃积温、幼苗至成熟期的平均气温、拔节至成熟期的总日照时数、播种至出苗期最低气温五个气候要素作为区划因子。

全年累积降水量是衡量玉米生产用水能否得到有效保障的主要因子;播种至出苗期(3月10日—4月10日)最低气温是玉米种植的基本条件;播种至成熟期(3月10日—7月15日)的≥10℃积温是衡量玉米生长期的热量水平能否满足玉米形成丰产结构的需求;幼苗至成熟期(4月10日—7月15日)的平均气温和拔节至成熟期总日照时数,是衡量能否形成优质玉米的重要气象因子。

表 5.4 玉米种植农业气候区划指标

项目 级别	最适宜	适宜	次适宜
播种至抽穗期的大于等于 10℃ 积温（℃）	≥2 300	1 900~2 300	≤1 900
播种至出苗期最低气温（℃）	≥8	6~8	<6
幼苗至成熟期的平均气温（℃）	24~27	>27	<24
拔节至成熟期的总日照时数（小时）	≥380	300~380	<300
年降水量（毫米）	≥1 000	800~1 000	<800

图 5.6~图 5.10 分别为合江县玉米播种至出苗期（3 月 10 日—4 月 10 日）最低气温、播种至成熟期（3 月 10 日—7 月 15 日）大于 10℃ 积温、幼苗至成熟期（4 月 10 日—7 月 15 日）平均气温、拔节至成熟期总日照时数、年降水量的地理分布及玉米种植适宜性分级。

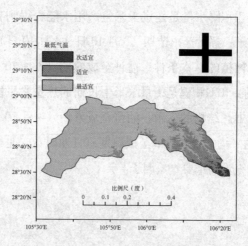

图 5.6 合江县玉米最低气温分布图

116

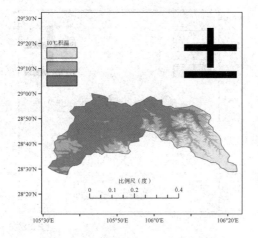

图 5.7　合江县大于 10℃ 积温分布图

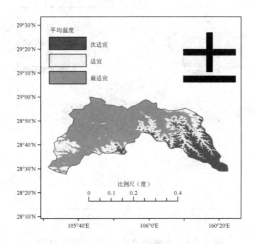

图 5.8　玉米生育期内平均气温分布图

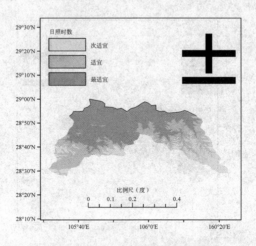

图 5.9　玉米生育期内总日照时数分布图

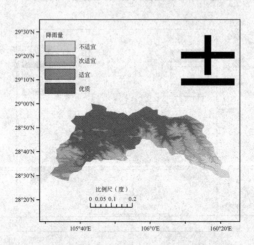

图 5.10　玉米生育期内降雨量分布图

5.2.3.2　区划结果和评述

我们根据各项指标的适宜区域，通过 GIS 地理信息系统进行叠加计算，可以得到合江县玉米种植农业适宜性区划图（如图 5.11 所示）。

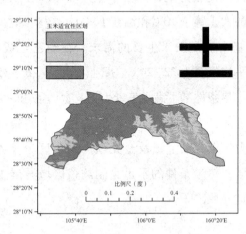

图 5.11　合江县玉米种植气候区划图

最适宜区：玉米种植的气候最适宜区面积较大，主要集中在合江县低海拔地区，包括合江县北部大部分乡镇。上述区域海拔均较低，地貌以平坝、低丘为主，年降水量均在 1 000 毫米以上，自然降水资源能很好地保障玉米生产需求。在玉米播种至成熟期（3 月 10 日—7 月 15 日）的大于等于 10℃积温在 2 300℃以上，热量资源条件利于促进玉米生长。在幼苗至成熟期（4 月 10 日—7 月 15 日），该区域的平均气温在 25℃左右，日照时数为 360～390 小时，较好的光、热条件基本满足玉米生长发育的需求。

适宜区：玉米种植的气候适宜区主要集中在合江县中部及南部海拔相对较高的由平坝向高山过渡的区域。上述区域为海拔相对较高地区，年降水量均为 800~1 000 毫米，自然降水资源能很好地保障玉米生产需求。在玉米播种至成熟期间的大于等于 10℃积温在 1 900~2 300℃之间，热量资源条件基本满足玉米生长的需求。在幼苗至成熟期间，该区域的平均气温为 22~24℃，日照时数为 320~350 小时，较好的光、热条件基本满足玉米生长发育的需求。

次适宜区：玉米种植的气候次适宜区主要集中在高山区，包括自怀镇、福宝镇及金龙湖南部山区。上述区域为高海拔山区，热量条件的不足是制约该区域开展玉米种植生产的关键气象因子。

5.3 小麦生长发育气象指标

小麦从种子萌发到成熟，必须经过几个循序渐进的质变阶段，才能由营养生长转向生殖生长，完成生长周期，这种阶段性质变发育过程称为小麦的阶段发育。每个发育阶段都需要一定的外界综合作用才能完成，外界条件包括水分、温度、光照、养分等。大量研究证明，温度的高低和日照的长短，对小麦由营养体向生殖体过渡有着特殊的作用，因此专家明确提出了春化阶段和光照阶段。小麦如果不通过这两个阶段，就不能抽穗完成生命周期。阶段发育理论对研究麦类冬性、春性划分，品种布局及其引种的栽培管理有着重要的指导意义。

5.3.1 播种期

小麦播种的适宜温度为日平均气温15~18℃，催芽晚播麦则以日平均气温20~25℃为宜。种子发芽的最适宜温度为20~30℃，气温高于35℃或低于2℃，均不利于种子发芽。

小麦播种出苗的最适宜土壤重量含水量，沙土为14%~16%，壤土为16%~18%，黏土为20%~24%。用土壤相对湿度作为指标，适宜播种出苗的土壤相对湿度则为60%~80%。土壤湿度大、黏重或地表板结时，种子常常由于缺氧影响出苗质量。土壤相对湿度小于60%时，则会影响小麦适时播种。

一般冬麦区7—8月降水量为300~500毫米，其中8月降水量大于250毫米，9月上旬和中旬降水量大于200毫米，可形成良好的底墒，能保证冬小麦播种时土壤相对湿度处于适宜范围。

5.3.2 分蘖期

小麦分蘖期一般分为冬前分蘖期和春季分蘖期。冬前分蘖期的温度是否适宜，决定了冬前小麦是否形成壮苗。麦苗在冬前有5~7片叶、叶色发绿、单株分蘖为3~5个、次生根 2~3 条、蘖大而壮时，麦苗个体为壮苗。小麦分蘖的适宜温度条件为日平均气温 6~13℃，分蘖期根系生长的最适宜日平均气温为 16~20℃。日平均气温为 13~18℃时，分蘖最快，易出现徒长；日平均气温高于 18℃时，分蘖反而生长减慢，受到抑制；日平均气温低于 6℃时，分蘖大多不能成穗；日平均气温为 3~6℃时，小麦分蘖缓慢；日平均气温小于 3℃时，一般不会发生分蘖。

小麦出苗以后每长一片叶约需积温 80℃·天。冬前每增加一个分蘖需大于等于 0℃的积温 70℃·天，平均 6 天左右产生一个分蘖。具有明显越冬期的冬麦区冬前大于等于 0℃的积温达 550~700℃·天时，可形成壮苗；冬前大于等于 0℃的积温小于 400℃·天时，多为晚播弱苗；冬前大于等于 0℃的积温大于 800℃·天时，会出现旺苗，抗寒能力下降。

冬小麦分蘖最适宜的土壤相对湿度为 70%~80%。土壤相对湿度超过 90% 时，土壤缺氧，分蘖迟迟不长；土壤重量含水量低于 10% 时，土壤相对湿度低于 50% 时，干旱抑制分蘖的发生，会发生分蘖缓慢或缺位的现象。

充足的光照有利于冬小麦分蘖，利于麦苗形成足够的光合产物而形成大蘖。光照强度减弱时，小麦单株分蘖数、次生根数显著减少，分蘖干重显著降低。

5.3.3 越冬期

冬麦区在日平均气温降到 3℃ 以下时，冬小麦停止生

122

长。日平均气温小于或等于0℃时,冬小麦进入越冬期。冬小麦越冬前后如果气温逐渐降低,麦苗经过0~5℃,甚至-5~0℃的低温锻炼,抗旱能力会大大增强。合江县的冬小麦无明显的越冬期。

冬小麦越冬期间土壤相对湿度在80%左右时,利于小麦安全越冬。

5.3.4 返青期

早春麦田半数以上的麦苗心叶(春生一叶)长出部分达到1~2厘米时,称为"返青"。返青属苗期阶段的最后一个时期。这个时期的生长主要是生根、长叶和分蘖。小麦返青期也是促使晚弱苗升级、控制旺苗徒长、调节群体大小和决定成穗率高低的关键时期。日平均气温到4~6℃为小麦返青的适宜温度。返青期如果出现"倒春寒",容易出现冻死麦苗的现象。

5.3.5 拔节期

气温达到10℃以上时,小麦节间开始伸长;气温达到12~16℃时对形成矮、短、粗、壮的茎秆最为有利;气温在20℃以上时,节间伸长最快,往往发生徒长。拔节后抗旱能力下降,拔节后一周遇-5~-3℃低温,或者拔节后两周遇-3~-1℃低温,植株发生冻害,形成外观无明显变化而穗分化明显受影响的"哑巴灾"。

对于茎秆内部的幼穗发育来说，小花原始体分化期的适宜温度为16~20℃，此时期小花数量增加最多；气温低于15℃或高于20℃，都不利于小麦性细胞的发育，使不孕小花数增加。

小麦拔节到孕穗期的需水量占全生育期的1/4~1/3，拔节孕穗期是冬小麦发育期内的需水关键期。60厘米以上土层的相对湿度维持在75%~80%期间，土壤重量含水量保持在18%~20%时，最适宜冬小麦拔节孕穗。对于南方麦区来说，春雨偏多的年份，土壤相对湿度大于85%时，易出现湿渍害和病虫害。

光照充足的天气有利于冬小麦拔节孕穗，有利于形成壮秆大穗。遇高温寡照天气时，冬小麦易出现徒长。

5.3.6 抽穗期

小麦抽穗的适宜温度为13~20℃，开花的适宜温度为18~24℃。小麦抽穗、开花的最低温度为9~11℃，最高温度为32℃。

小麦抽穗开花时土壤重量含水量宜保持在18%~20%，土壤相对湿度保持在70%~80%时，最有利于小麦顺利开花授粉。小麦开花期怕高温干旱，气温高于35℃、土壤水分供不应求时，会引起花器官生理干旱，降低结实率。开花期也对高湿天气比较敏感，土壤湿度过大或遇连续降雨，也会引起不实。此时期小麦受渍害后恢复能力最差，减产最严重。

开花期适宜的空气相对湿度为 70%~80%，空气湿度过低，会使花粉柱头干枯，出现干旱和不实；多雨又会使花粉粒吸胀破裂，小麦受精不良。遇连续 3~4 天湿热、光照不足，会引起赤霉病等病害的爆发。

晴朗温暖的天气有利于小麦开花授粉。抽穗开花期如天气晴好，3~4 天全田花期就可以结束。光照不足则使小花发育不良，粒数减少最大。

5.3.7 灌浆成熟期

小麦灌浆初期最适宜的温度条件为 18~22℃，其中乳熟到蜡熟阶段，适宜温度为日平均气温 20~22℃。灌浆的上限温度为 26~28℃，下限温度为 12~14℃。乳熟期以后若连续降雨在 15 毫米以上，紧接着出现最高气温大于 30℃的日天气，小麦会出现高温逼熟。

小麦抽穗以后至灌浆时期，阶段耗水量占全生育期总耗水量的 54.6%。灌浆阶段需水量为 120 毫米，适宜的土壤相对湿度为 70%~80%。如出现墒情不足的现象，则会造成灌浆不畅、籽粒干瘪、粒重下降。空气湿度过低也会影响小麦灌浆，尤其是空气相对湿度小于 30%时，如遇温度大于 30℃的高温和风速大于 3 米/秒的干热风天气，会极大地影响小麦灌浆；干热风对乳熟期小麦危害最严重，蜡熟末期后受害减轻。

灌浆期需要日照充足的天气，灌浆期日照时数增加1小时，粒重增加0.2克。小麦成熟后期有7~10天晴好天气，就能保证小麦的收割、脱粒、晒场顺利完成。反之，连阴雨天气是灌浆期内影响小麦充分灌浆和顺利收获的主要农业气象灾害之一，多雨寡照会导致田间湿害，造成根系早衰，灌浆期缩短，粒重降低；同时，易引发病虫害。灌浆期内雨日多于16天，雨量大于110毫米，日照少于110小时，即为秕粒率高、千粒重低的减产年份。

5.3.8　小麦不同生育期常发气象灾害。

苗期：旱涝影响整地播种出苗；晚播冬前积温少影响分蘖成穗；三叶前高温分蘖缺位蘖节浅，过早播秋暖年徒长易受冻。

越冬期：强烈低温、变温、冬干。

穗分化期：升温过快粒数减少，拔节孕穗期对光温水敏感，干旱、霜冻、寡照、湿害影响粒数。

灌浆期：风雨冰雹倒伏，高温逼熟粒重降低，成熟前5~10天雨后暴热或强干热风会导致灌浆急降或枯死。

收获期：连阴雨收获困难，籽粒穗发芽甚至霉烂。

合江县小麦主要遭受的自然灾害有湿害、干旱、冻害、光照弱导致灌浆期品质差。湿害导致根锈、叶淡、长势弱，结实率粒重降低，拔节孕穗期敏感。收获期易遇连阴雨，导致籽粒发芽甚至霉烂。

5.4 油菜生长发育气象指标

影响油菜生长发育的主要因素是温度和水分,其次是日照和土壤等。合江县的气候特点决定了合江县以种植冬油菜为主。

5.4.1 出芽出苗期

油菜种子无明显休眠期,成熟的种子播种后条件适宜即可发芽。发芽的下限温度为3℃,最适宜温度为25℃。一般当日平均气温为16~20℃时,播种后3~5天即可出苗;日平均气温为12℃左右时,需7~8天出苗;日平均气温为7~8℃时,需10天以上出苗;日平均气温降至5℃以下时,虽可萌动,但根、芽生长速度极为缓慢,需20天以上才能出苗。日平均气温高于36℃不利于发芽。

适时早播有利于油菜形成壮苗,冬油菜的适播期是入冬前大于等于0℃积温达1 200℃·天。

播种期内必须保证土壤有足够的水分,发芽出苗期最适宜的土壤相对湿度为60%~70%。土壤湿度过高或过低对出苗都不利。冬季干旱可使油菜冻害加重。

5.4.2　苗期（出苗至现蕾）

油菜苗期生长的适宜温度为 10~20℃。日平均气温为 6~9℃，生长一片叶需 7 天左右；如果日平均气温为 10~16℃则需 5 天左右；如果日平均气温为 16~20℃则需 3 天左右。油菜苗期抗旱能力较强，气温降到 -5~-3℃时，叶片轻微受冻；气温降到 -8~-7℃时，受冻较重。若低温、干旱同时发生，易造成油菜死苗。

油菜苗期适宜的土壤相对湿度为 70%~80%。若遇冻害和严重缺水，可导致叶片发皱和红叶现象。

油菜苗期需要充足的光照，这样有利于进行光合作用，累积较多的养料。若光照时间长，则叶片出生速度快、花芽分化早、叶片叶绿素含量高。

5.4.3　蕾薹期（现蕾至初花）

蕾薹期长短受品种、温度、播种期等因素的影响较大。冬油菜一般在开春后气温稳定在 5℃以上时现蕾，气温在 10℃以上时可迅速抽薹。但若温度过高、抽薹太快，易出现茎薹纤细、中空和弯曲现象，对产量形成不利影响。油菜进入蕾薹期后抗寒力大大减弱，温度低于 0℃时，易裂薹和死蕾。

油菜在蕾薹期由于气温升高，主茎节间伸长，叶面积扩大，蒸腾作用增强，必须有足够的水分。此时期土壤相对湿度达 80% 左右才能满足需要。蕾薹期土壤水分不足，则主茎变短，叶片变小，幼蕾脱落，产量不高；土壤水分过多，会引起徒长、贪青、倒伏。

蕾薹期若光照充足，叶片光合强度高，稀植通风透光好，并且肥水充足，油菜中下部的腋芽可以发育成有效分枝；如果光照不足，种植密度又大，则仅上部腋芽发育成有效分枝。

油菜在冬前或越冬时会出现抽薹和开花现象。植株提早抽薹开花易受冻害，影响生长发育和结实。出现早花的部分原因是播种过早造成的，尤其是秋冬气温偏高的年份更为严重。

5.4.4　开花期（始花至终花）

油菜开花期是营养生长和生殖生长都很旺盛的时期。白菜型油菜开花要求温度较低，甘蓝型油菜要求温度较高。早熟、早中熟和中熟品种油菜开花期早，开花所需温度较低；中晚熟、晚熟品种油菜开花迟，开花所需温度较高。油菜开花期的适宜温度为 14～18℃，低于 10℃ 或高于 22℃ 开花数显著减少，5℃ 以下多不开花，0℃ 或以下易导致花朵大量脱落，并出现分段结荚现象。当温度高于 30℃ 时，油菜虽可开花，但花朵结实不良。

花期土壤相对湿度以 70%～85% 较为适宜。土壤相对湿度低于 60% 或高于 94% 都不利于开花。开花期为油菜对土壤水分反应敏感的临界期，缺水会影响开花或花蕾脱落。

油菜花期需要充足的光照，以利于叶片和幼果的光合作用。若遇连阴雨天气，会显著影响开花结实。若春季雨水多，土壤和空气湿度大，还易诱发病害。

5.4.5　角果发育期（终花至成熟）

角果及种子形成的适宜温度为 20℃，此时昼夜温差大和日照充足有利于提高产量和含油量。温度低则成熟慢，日平均气温在 15℃ 以下，中熟品种油菜不能正常成熟。气温过高则造成逼熟现象，日平均气温高于 25℃ 时，角果数减少并易脱落。冬油菜灌浆成熟期日最高气温常常超过适宜温度，日最高气温高于 30℃ 会造成高温逼熟以致减产。

角果发育期土壤相对湿度以 60%~80% 为宜。水分过低会使秕粒增加，粒重和含油量降低；水分过高又常使油菜植株贪青，延迟成熟。严重渍水则导致根系早衰、产量降低和引起病害。合江县油菜花期多阴雨天气，日照少、雨量多、湿度大，常造成阴害和湿害，影响开花授粉，降低结角率和结籽粒。

6 合江县林业与气象

6.1 林木生长和气象的关系

林木的生长发育和树种的分布受气象条件的影响和制约。研究林业气象对合理利用气候资源、开发森林和保护自然生态环境平衡具有重要意义。日照、温度、降水、风等气象因子对森林的组成和分布有重要的影响。

6.1.1 光和光照

太阳辐射是地球上最基本的能量来源。到达地球表面的太阳辐射主要由紫外线、可见光和红外线组成。不同波长的光对林木的生长作用影响不同。在可见光中，按波长从长到短，可见光可分为红、橙、黄、绿、青、蓝、紫光。红光和橙光被林木的光合作用吸收得最多，能促使叶绿素形成，促进发芽，影响开花结实。蓝光和紫光促进幼芽形成，抑制林木伸长，促使花青素形成，并决定植物的向光性。绿光被植物光合作用利用得最少。红外线可以促进茎的伸长和种子的萌发；相反，紫外线会抑制植物伸长生长，促进花青素的形成。因为高山地区太阳辐射中富含紫外线，所以常见到高山植物生长低矮或呈匍匐状，节间短，但花色艳丽。

光照条件对植物的作用不仅与光的种类有关，还取决于光照强度。光照过弱时，林木光合作用制造的有机物质比呼吸消耗的物质还少，林木生长就会停止。这是导致林冠下的植物和林木下部的枝条死亡的主要原因。因此，只有光照强度在光补偿点以上时植物才能正常生长。光合作用强度通常随光照强度的增高而增强，但光照过强，则会破坏原生质和叶绿素，或者因失水过多而使气孔关闭，结果使光合强度降低，甚至停止。因此，只有在适当的光照强度下，林木光合作用最强。

光照强度还会影响林木的开花结实、芽的发育、叶子的形态和解剖特征、叶子的排列以及林木的外形等。例如，增强光照能促进林木发育，使林木提前开花结实，加速种子成熟，提高结实量。

6.1.2　温度

每个树种的各个生长阶段都有其最适宜的温度。温度超过树种适应的范围称为极限温度。极限温度包括过低温度和过高温度。低温对植物的危害主要表现在：蛋白质沉淀；细胞间隙结冰膨胀，细胞被机械损伤破坏；原生质内部结冰，使其结构破坏。高温危害主要表现在：植物的呼吸作用大于光合作用，使生长受阻，甚至饥饿死亡；使叶片过早衰老，有效叶面积减少；蛋白质凝固并分解产生氨积累，使植物中毒。

6.1.3　水分与降水

降水是土壤水分补充的主要来源，土壤中的水分又是植物吸收水分的主要来源。水是植物生存的重要因子，也是植物体构成的主要成分，树体枝叶和根部的水分含量约占50%以上。树体内的生理活动都要在水分参与下才能进行。水通过不同质态、数量和持续时间的变化对树体起作用，水分过多或不足，都影响林木的正常生长发育，甚至导致林木衰老、死亡。

水是林木生命过程中不可缺少的物质，细胞间代谢物质的传送、根系吸收的无机营养物质输送以及光合作用合成的碳水化合物分配，都是以水作为介质进行的。另外，水对细胞壁产生的膨压，得以支持树木维持其结构状态，当枝叶细胞失去膨压，即发生萎蔫并失去生理功能，如果萎蔫时间过长则导致器官或树体最终死亡。

6.1.4　风

　　风对林木的生长发育有一定的影响，既有利也有弊。"利"在于：一是对于需要花粉传播的林木而言，风对于花粉的传播起很大的功效性；二是对那些比较轻盈的果实而言，风是很好的传播工具。

　　"弊"影响着林木的生长发育。春季的旱风，能够加速林木的蒸腾作用，直接引起树木的抽条。有一种风是气流沿山坡下降而引起的热风，称之为焚风，这种风容易引起森林火灾。强风能够使树木的生长量减少一半，直接影响到林木的正常生长。

6.2　森林分布与气候

　　森林是一个典型的生态系统，它以林木为主体，环境条件对其生长发育起主导作用。在诸多环境条件中，气候对森林的影响起决定和主导作用，森林的分布在很大程度上取决于气候条件。

　　据研究，森林水平分布和垂直分布界限温度指标大约为平均气温-5℃和7月平均气温10℃。春季，多数树种在气温5~8℃时萌发，在土壤温度达到5℃、气温达到10℃时开始生长。气温低于上述温度，树木处于休眠状态，气温高于40℃，生长就不能进行，其最适温度是25~35℃。不过，对林木生长最有利的温度条件，不是持续的恒温，林木在白天的高温和夜间的低温交错的条件下，生长会更好。

水是树木整个生命活动不可缺少的物资，树木所需要的营养矿物只有被水溶解后才能吸收、运输和利用；同时，水还是树木进行光合作用所必需的原料。在树木吸收的水分中，有0.1%~0.2%的水通过光合作用直接形成树木体内的化合水；而其他大部分的水用于蒸腾作用，只有通过蒸腾作用树木才能不断从土壤中吸收水分，保持生命活动，同时减少体温的剧烈变化及高温带来的危害。因此，降水和空气温度对森林的分布有密切关系，一般热带地区年降水量需大于500毫米，温带地区年降水量为300~400毫米，干燥度小于1.5，生长季内的相对湿度在65%以上。我国从东南沿海地区向西北内陆地区降雨量逐渐减少，地理景观也依次出现了转变，即森林、森林草原、草原、荒漠。西北广大荒漠地区及内蒙古草原地区，主要就是由于降水指标不达标才没有森林生长。

风能改变环境条件，影响树木的生理活动，风对森林的影响决定于风的性质和速度，既有有利的一面，也有不利的一面。有利的方面是：风能使空气流通，吹走气孔周围的水蒸气，吹走二氧化碳含量较低的空气，带来二氧化碳含量较高的空气，能促进和加强植物的光合作用和蒸腾作用；经常刮风能促进根系生长，有利树木吸收养分和水分；在风速不大时还能起到良好的传播花粉的"风媒"作用。不利的方面是：强风能使树木摇动，树液流动受阻，从而降低生长量；当风速达 17 米/秒以上时，可能产生机械破坏作用，导致风折和风倒现象发生。

综上所述，森林分布界限主要界定于气候条件，特别是温度和降水量。必须注意的是，气候条件也是动态变化的，随着气候的变迁，森林分布的界限也随之变化。当气候变暖和变潮湿时，森林北移；当气候变冷和变干时，森林南移。在具备森林生长的气候条件下，有什么样的气候，就可能有与之相适应的森林类型。

6.3　森林与生态平衡

生态平衡是指在一定时间内生态系统中的生物和环境之间、生物各个种群之间，通过能量流动、物质循环和信息传递，使它们相互之间达到高度适应、协调和统一的状态。也就是说，当生态系统处于平衡状态时，系统内各组成成分之间保持一定的比例关系，能量、物质的输入与输出在较长时间内趋于相等，结构和功能处于相对稳定状态，在受到外来干扰时，能通过自我调节恢复到初始的稳定状态。在生态系统内部，生产者、消费者、分解者和非生物环境之间，在一定时间内保持能量与物质输入、输出动态的相对稳定状态。自然条件越适宜，对生态气候资源的利用率越高、循环越顺利，则生物库容越大、平衡基础越高、生态平衡越稳定、抗性越强。适宜的气象条件是增大生物库容、维持生态平衡的必要条件。木部分主要从气象角度看森林在生态平衡中的作用。

6.3.1　森林高效利用降水资源

一般的森林都根深叶茂，植株高大，复层结构，寄生、附生植物多。森林的林冠层可截留降水量的 5% ~ 20%，使之由枝叶滴落或沿树干流下；枯枝败叶的阻挡和覆盖减少了地表径流和地面蒸发，因而减少了水分的浪费，使之用于植物的蒸腾和生物的各种生命过程。森林的土壤和深厚的腐殖层可以含蓄大量水分，加上枯枝败叶的覆盖和林冠的阻挡，使降水的有效作用时间大大延长，这是陆地和农田所不能相比的。森林大大提高了降水的有效性而且延长了降水的有效期，这对于利用雨季降水抗旱有着其他生态系统所不及的效能。

6.3.2　森林改良小气候环境

森林可以影响气候并改良生态小环境，对增大生物库容和生态平衡有利。森林改造林内和附近地区的温湿状况，为多种生物提供适宜的生态小气候。由于白天林冠对阳光的遮挡和树木强烈蒸腾消耗使林间温和湿润，气温比无林区低；夜晚林冠对地面长波辐射的阻挡，温度下降不致太低，一般比无林地区高。森林温和湿润的气候是多种生物繁衍的条件，这对保护生命是有利的。

氧气和二氧化碳是多种生物生命活动所需要的，生命活动越旺盛对氧气和二氧化碳的需要量越大。森林由于光合作用强，因此氧气比一般地区多；同时，由于有机物的循环，林区二氧化碳的含量也较高。

森林使风受阻，一部分气流翻越林上，气势大减，另一部分气流又受树干及枝叶阻割、破碎，风力锐减。在一般森林，气流入林 200 米则风速只有入林前的 2%～3%，因此森林具有良好的消风作用。

森林能改变空气相对湿度。森林的蒸腾作用强，加上旺盛的呼吸作用释放水分和林冠层的阻挡，因此林区水汽量较大。森林风速又小，水汽不易流失，因此林区及附近地区的空气相对湿度较大。

森林能影响降水。一是因为水汽多，有利于天气系统的发展，使尚未饱和的空气达到饱和而对天气有一定的触发作用；二是水汽多，在有利天气形势下凝结，放出热量多，这就更增加了上升运动的能量，使上升运动加强，促进成云至雨。一些人认为森林可增加降水 10%～20%，当然这也和所在地区森林的面积有关。

总之，森林可以通过改变小气候环境，使得气候更适宜多种生物的生存，从而增加生态系统的总生物库存，使生态平衡不易被打破，从而达到保护生态平衡的作用。

6.4　林木引种与气候

林木引种是将某一树种经过驯化培育栽植到非自然分布区的林木育种技术。在自然分布区内生长的称乡土树种；引种到非自然分布区的称外来树种。通过引种，可以增加林业生产需要的优良树种，生产更多更好的木材和林副产品，充分发挥森林的效益。

每个树种在自然条件下都有一定的气候适宜范围。国内外树种的相互引进，对扩大交流、选择优良树种具有重要意义。引种的先决条件是气候的相似性，即首先要比较原产地与引进地区的气候条件；其次是对林木逐渐驯化，使其适应本地区气候的变化规律，因为在世界范围内，很难找出自然条件完全一致的地区。影响林木引种的主要气候因子如下：

6.4.1 温度

温度，尤其是低温和绝对低温往往是树种分布的主要限制因子。乔木寿命长达几十年到数百年，因此对几年到几十年难遇的低温和低温持续期也应充分考虑。高温和绝对高温对林木的损伤没有低温显著，但高温配合干旱也能对树木生长产生 严重不良的影响。

6.4.2 降水

降水是决定引种外来树种成败的关键因子之一，尤其是降水的季节分配与林木引种的关系更为密切。

6.4.3 日照

日照长短和光的性质随着纬度和海拔的不同而变化。林木的正常生长和发育需要一定昼夜比例的交替，称为光周期。对于多年生高大乔木，每年都存在越冬问题，对日照长度的反应要比一年生植物复杂得多。南树北移时，生长季节内日照延长，使生长周期延长，影响林木生长封顶，妨碍组织木质化和入冬前保护物质的转化，使抗寒性进一步降低。北树南移时，日照长度变短，促使林木提早封顶，缩短生长期，影响林木正常的生理活动，有时还会引起二次徒长，破坏林木生长的正常规律。

6.4.4　病虫害

树木引种时因气候条件改变常引起病虫害的复杂变化。有的病虫害在原产地就已存在，但并不构成威胁，在新的气候条件下却可能危害严重。有的树种引种到新地区，使当地的病虫害找到了新寄主而蔓延扩展，间接影响引进树种的正常生长。

6.5　林业气象灾害与防御

各种灾害性天气对林木生长发育造成的危害称为林业气象灾害。林业气象灾害包括低温、高温、干旱、洪涝、雪害、风害、雨淞、雹害以及大气污染等。树种生长发育与气象因子的关系可表现为最适、最高和最低极限。当气象因子在最适区间变化时，林木生长发育最好；如接近或超过最高和最低极限，则受到抑制，甚至死亡。不同的树种，甚至相同树种在不同年龄阶段，其最适区间和忍耐极限不同。森林气象灾害按危害的方式可分如下几类：

6.5.1　低温害

低温害又可以分为下列类型：

第一，冻害。冻害是指林木在0℃以下低温丧失生理活力而受害或死亡。树木遭受冻害的程度取决于温度变化的特点、树木所处的位置、树种对冻害的敏感程度及所处的生长发育阶段。晚秋突降的早霜对生长期尚未结束的树木危害最重；初春树木刚开始萌动，易受晚霜危害；如温度缓缓下降则危害较轻。霜冻尤易在冷空气容易堆积的山谷洼地发生。

第二，寒害。寒害是0℃以上低温对林木（热带林木）生长发育造成的危害。低于树木进行正常生理活动所能忍耐的最低温度的低温可造成树木酶系统的紊乱，影响光合作用暗反应的进行。树种不同，所耐低温也不同。防护措施是在阳坡造林或在易受寒害的林木周围营造防护林等。

第三，冻拔。冻拔又称冻举，是指因土层结冰抬起树木致害。其危害对象多是苗木和幼林。冻拔形成的原因是土壤水分过多，昼夜温差较大，当夜间温度在0℃以下，上层土壤连同根系冻结在一起，使其体积增大而被抬高。冻结层以下因有冻柱形成，不断将冻结层上抬，使树木根系与下层土壤脱离；解冻时土壤下陷，根系因悬空吸收不到水分而致树木枯死。其预防方法有覆草、覆草皮土或种植健壮的大苗等。

第四，冻裂。冻裂是由于树木是热的不良导体，温度骤降时树干表皮比内部收缩快而造成的。树皮薄而光滑、木材弹性较大的树种一般不易冻裂；树的阳面比阴面容易发生冻裂；林缘木、孤立木冻裂现象较重。冻裂虽不会造成树木死亡，但可使树木生长衰弱，易罹病害，降低木材的工艺品质。为防止冻裂发生，通常在主要树种周围种植保护树或保持林冠一定的郁闭度；单株珍贵树种也可以采取树干包草的办法。

第五，土壤结冻造成的生理干旱。这是指因树木根系不能吸收土壤水分而导致的失水干枯甚至死亡，对幼林的危害大。冬季气温低，枝叶蒸腾量小，生理干旱危害较轻；初春气温回暖快，地上部分萌动后蒸腾作用增强，而土壤尚未解冻，往往危害较重。防止生理干旱可以采用早春造林、初春及时疏松冻土、适当修剪枝条等方法。在集约经营的人工林地区，通过对苗木或幼林的合理灌溉以及生长后期增施磷、钾肥等措施，可以增强林木的抗寒性，加以预防。

合江县冬季无严寒，最冷月月均温度为 7.9℃。在春秋季晴朗的夜晚，偶有霜冻出现和寒潮出现，海拔较高地区气温偶有低于 0℃ 的天气出现。因此，合江县的林业气象灾害中会出现寒害和冻害。

6.5.2 高温害

外界温度高于树木生长所能忍受的高温极限时，可造成酶功能失调，使核酸和蛋白质的代谢受干扰，可溶性含氮化合物在细胞内大量积累，并形成有毒的分解产物，最终导致细胞死亡。高温害的表现有两种：皮烧和灼烧。其中，皮烧主要发生于树皮光滑的成年树上。一般林木向阳面树干由于太阳辐射强烈，局部温度过高而较易发生高温害。树木受害后，形成层和树皮组织局部死亡，树皮呈现斑点状或片状脱落，树木因而易罹患病害。根茎灼烧又称干切，是指土壤表面温度过高，灼烧幼苗根茎的危害。合江县的高温害是非常明显的，合江县最热月为7—8月，月平均气温27.2℃，基本每年都有高于38℃的高温天气。

2011年，合江县最热月（8月）月均温高达30.3℃，极端最高气温43.4℃。炎热的夏季午后地面温度达到最高值，夏季午后裸露的泥土表层温度在50~70℃。对于植被不好的林地或幼林，这个地温足以让树木受高温害，甚至死亡。在合江县，苗圃一般建议搭建遮阳网，可使幼树免受害。林区养护要注意适时灌溉，这是防止根茎灼烧的有效方法。

6.5.3　干旱

干旱是指土壤含水量严重不足对树木生长发育造成的危害。干旱多发生于降水量较少的夏季。干旱可以导致树木体内原生质脱水，气孔关闭，叶形变小，叶子老化，光合作用能力降低。因干旱引起的其他生理生化变化，如淀粉的水解以及呼吸作用和原生质透性、黏滞性的增强等，对树木都可以产生不利影响，最后导致生长减退，甚至死亡。危害程度因树种而异，林业上常采用中耕除草，抚育间伐，适时灌溉等措施防止干旱危害。合江县基本每年都会发生干旱，在林业气象灾害中是较为突出的一种气象灾害。在所有干旱种类中，最为严重的是伏旱，合江县在7—8月份容易出现旱涝急转的情况，往往在一场暴雨过后就是连晴高温天气持续。温度过高土壤水分散失快，树木消耗水分也多，因此伏旱是影响最严重的干旱。在合江县的林业气象灾害防御中，伏旱应作为重点的防御对象之一。

6.5.4 洪涝

洪涝是指因降水或其他原因造成地表水过剩而引起的灾害。其发生与降水的时间、强度、范围有直接关系。夏季是合江县降雨的主要季节。合江县东南部和南部地区海拔较高，沟壑纵横，多雨季节极易形成山洪。由于流水的冲刷，引起水土流失，导致该地区树木根系裸露，树干倾倒甚至死亡。

6.5.5 雪害

雪害是指降雪时因树冠积雪重量超过树枝承载量而造成的雪压、雪折危害。受害程度因纬度、地形、降雪量和降雪特性以及树种、林龄、林分密度而不同。一般高纬度甚于低纬度，湿雪甚于干雪，针叶树甚于落叶阔叶树，人工林甚于天然林，单层林甚于复层林。合江县浅丘、平坝出现降雪天气较少，一般在海拔较高的东南部和南部地区出现降雪天气。一般情况下积雪不太厚，但也有极端年份，如2008年就有不少树木被雪压折。

6.5.6　风害

风害是指风对树木造成的机械或生理危害。一般性风害是指内陆地区因大风（指风速大于10米/秒）造成的风倒和风折，其危害程度因树种和土壤条件而异。浅根树种一般较深根树种易发生风倒。森林的抗风力取决于树木密度和林况。密林中的树木抗风力弱，森林间伐后骤然稀疏，易致风倒；采伐后新露出的林缘木风倒可能性最大。老龄树木、感染病虫害的树木、间伐迹地上保留的单株母树都易风倒和风折。防止或减弱风倒和风折危害的措施有：用抗风力强的树种造林，或者用以营造防风林缘；避免进行强度较大的间伐；对幼林经常进行弱度抚育；正确地确定主伐方式和合理地规划伐区；等等。合江县风害发生最集中的时间是夏季，一般出现在强对流天气中。合江县出现风速大于10米/秒的时间并不多，一般一年有3~5次。

6.5.7　盐风害

盐风害指沿海常年受海风影响的地区（特别是有台风登陆时）因来自海洋的含盐量较高的空气长期侵蚀树木枝

叶而致害。盐风害危害范围可深入内陆数十千米。针叶树受轻度危害时表现为迎风部位的叶首先变为红色，较严重时可变为灰白色脱落。合江县地处内陆，一般不会遭受盐风害。

6.5.8 雨凇

雨凇又称冻雨，是过冷却雨滴在温度低于 0℃ 的物体上冻结而成的坚硬冰层，多形成于树木的迎风面上。由于冰层不断地冻结加厚，常压断树枝，对林木造成严重破坏。采取人工落冰措施可部分减轻雨凇危害。雨凇不易出现在合江地区。

6.5.9 雹害

冰雹是严重的灾害性天气，常使林木枝叶、树干、树皮、种实遭受伤害，尤其对苗圃、种子园危害严重。合江县降雹的主要季节是春末夏初，盛夏及秋季偶有发生。

6.5.10 污染危害

污染危害是指大气中的污染物质超过树木的自净能力和忍耐程度时，对树木生殖器官造成的危害。常见的污染物质可分为原生性污染物质和次生性污染物质两类。污染物的浓度越大，污染的时间越长，危害越重。危害程度也因污染物的性质和树种而异。另外，树木有吸收（附滞）

污染物质和净化大气的功能，因此选择适当树种在相应的污染源附近造林，是防止或减轻大气污染的有效措施。

森林气象灾害防治是根据气象要素的变化规律和各树种的抗性及受灾情况，及时、有针对性地发布灾害预报，提早采取措施，避免森林气象灾害的发生或降低灾害造成的损失。

森林气象灾害的防治措施如下：

第一，在森林经营中做到适地适树，营造混交林，及时抚育间伐，提高森林的防灾抗灾性能。

第二，长期开展森林气象的观测工作，掌握各种灾害发生的规律，提前做好预报工作。

第三，针对具体灾害提前采取必要的防御措施，如熏烟、灌水可减轻低温危害；修建蓄水、灌溉及排涝设施；及时清除林内枯立木，改善林分的卫生状况；进行环境监测，采取必要的措施减少污染物质的排放量；山地森林采伐避免采用皆伐方式，并修建必要的水土保持工程；等等。

6.6　森林火灾与气象

森林火灾不仅造成森林资源锐减、环境恶化、土地沙化，还导致自然灾害频繁发生，经济损失巨大。森林火灾有突发性和随机性的特征，但森林火灾的发生大多是在一定的、有利的、适当的天气以及气候背景下发生的。不同的地域、不同的季节发生森林火灾的天气气候背景也有所不同。有利或不利的气候背景和气象条件对火灾的影响是减缓或加剧火灾燃烧势头，并能影响灾害面积的大小。因此，注意对气候背景进行分析和研究，重视对气象条件的监测，将是预防大面积森林火灾的非常重要的一坏。

6.6.1　影响森林火灾的气象因子

众所周知，燃烧是一个物理过程，它决定于物质与环境的温度、湿度、氧气供给与风速。森林火灾的发生次数多少与强度大小也不例外。森林火灾的发生和蔓延，除了与森林的种类、疏密程度、树木年龄、森林中或荒野的杂草种类及覆盖面积和厚度有关外，与气象条件的关系更为密切。影响最大的气象因子是空气相对湿度、温度、风、雷击、降水、连续无雨日等。

6.6.1.1　空气的相对湿度

空气的相对湿度由实际水气压（P）与同温度下饱和水气压（E）之比的百分数表示。其表达式为：$r = P/E \times 100\%$。相对湿度的大小表示空气距离饱和的程度。当空气饱和时，$r = 100\%$；当空气未饱和时，$r < 100\%$。空气越干燥，相对湿度值越小。在诸多气象条件中，空气湿度是火

险天气中的关键因素。空气湿度的大小直接影响森林可燃物变干的速度和干湿程度。空气湿度越小，森林可燃物的水分蒸发越快，表面越干，在同样温度下比潮湿林木更容易燃烧，形成火灾。相对湿度关系到火灾的着火和蔓延两个方面。湿度的大小不仅直接影响到可燃物的干湿程度，而且随着湿度的减少，可燃物的干燥速度还会不断加快。相对湿度有明显的日变化，一般高值出现在天亮前后，低值出现在 16 时至 18 时。因此，冬春晴好天气的下午是林火的多发期。

6.6.1.2　温度

空气温度是促进蒸发的重要因素。空气温度越高，可燃物变干越快，越容易发生火灾。在森林火灾发生后，空气温度较高还会使火势猛烈，难以扑救。防火季节连续出现数日高温，则必须严密警惕火灾的发生。气温日较差的大小对森林火灾影响也很大。凡是气温日较差大的日子，都处于下层气流控制下的稳定晴朗天气，这时中午的温度高、辐射强。

6.6.1.3　风

所谓"风助火势，火借风威"，从火灾的规模与风速的关系可知风越强，越易发生大火。风不仅能把枯枝落叶吹干，有助于燃烧，同时还能使小火扩大，使地面火变成树冠火，并能死灰复燃。特别是火灾发生以后，火势主要向下风向蔓延，这时如果遇上大风，燃烧的大火团往往向深处扩展，甚至绵延数百千米，并持续十天半月甚至数月，给人民生命财产造成严重伤害和巨大损失。

风对林火蔓延主要有以下几方面影响：风能改变热对流，增加热平流，从而加速火灾蔓延；风能补充氧气，改进助燃条件，提高燃烧强度和蔓延速度；大风会造成"飞火"，将燃烧物带到火场外部，产生新的火源。

6.6.1.4 雷击

雷击也是森林火灾发生的重要因素之一。据统计，1957—1964 年，雷击火灾平均占总火灾次数的 18% 左右，个别地区这一比例竟达 80%。在一天中，早晨的雷击次数最少，午后的雷击次数最多。

6.6.1.5 降水

有效的降水会使地物湿润，不容易发生森林火灾。据统计，日降水量 2~5 毫米时，能降低林区燃烧性；日降水量大于 5 毫米时，能使林地面积可燃物吸水达到饱和状态，较难发生火灾。合江县的气候属于雨热同季，大多数火灾发生在炎热的夏季，特别是 7—8 月份。虽然这两个月的降雨量都在 100 毫米以上，但从历年的暴雨次数统计来看，多数暴雨发生在 7—8 月份，说明 7—8 月的降雨量在时间上分布极其不均匀，暴雨过后经常出现长时间的高温干旱。高温少雨，天干物燥，使得发生森林火灾的风险极高。因此，合江县预防森林火灾发生的关键期在夏季。

6.6.1.6 连续无雨日

无雨日数的长短和降水量的大小对林火的发生和熄灭

起着重要作用。无雨日数越长，森林可燃物越干，越容易燃烧。如能经常下雨，林木潮湿，则会减少火灾危险度。一般来讲，下一场大雨可保3~4天内不会发生火灾。

6.6.2 伴随森林火灾的气象现象

6.6.2.1 火灾现场风

正在燃烧的森林上空，会发生强烈的上升气旋，相应地产生从周围补充上升气流的辐合气流。由于对流，上层强风到达地面，在火灾现场大多刮起强风，这种风称为火灾现场风。

6.6.2.2 火灾云

由于大火的热度产生的激烈的上升气流，形成称之为火灾云的积云和积雨云，有时伴有激烈的雷雨，这就是火灾雷。火灾云与一般的积云和积雨云不同，由于含有大量烟粒故呈灰色，即使出现雷雨，也在火灾现场的下风方向。

6.6.2.3 旋风

伴随着大火往往有旋风发生。这种旋风从微尺度尘卷到龙卷风，各种可能都有。大火时发生旋风的气象条件是形成大气下层暖而轻、上层冷而重的不稳定层结状态，上层风强、下层风弱。此外，发生旋风与地形和地物的配置也有关系。

6.6.2.4 烟粒漂移

火灾中烟粒的漂移又叫飞火现象。由于火灾现场上升气流达到10~15米/秒，因此火灰能上升至很高（40~50千米的平流层）的地方，通过风朝下风方向输送，然后随风飘游，最后以其本身的末速度落到地面上。特大火灾的烟粒可连续数月减弱太阳辐射强度，在一定程度上会影响未来的天气气候，从而导致天气气候的异常情况。

7 合江县荔枝与气象

7.1 荔枝与气象条件的关系

荔枝是典型的南亚热带常绿果树，主要种植在南北纬18~30度热带及亚热带地区，喜高温高湿，喜光向阳。荔枝的遗传性又要求花芽分化期有相对低温，但最低气温在−2~−4℃时又会遭受严重冻害。荔枝的开花期天气晴朗温暖而不干热最有利，湿度过低、阴雨连绵、天气干热或强劲北风均不利于开花授粉。花果期遇到不利的灾害天气，会造成落花落果，甚至失收。我国荔枝分布在广东、广西、福建、四川、云南、台湾等省份，主要种植地是广东、广西、福建。

7.1.1　荔枝与各类气象指标的关系

第一，荔枝生长发育对温度条件的要求。荔枝根在地温23~26℃时生长最快。树梢生长的最低温度为16~18.5℃，而以24~29℃生长最快。花芽分化以最低温度0~2℃为宜，最低气温低于-2℃花器易被冻死。当气温稳定通过13℃时，荔枝开始开花，20~24℃时花粉萌发率最高，开花最盛；当气温高于26~27℃时，花芽分化、萌芽受抑制。在广西，一般用年极端最低气温低于0℃的出现频率小于等于20%来划分广西荔枝栽培的北界。在四川泸州地区，由于独特的长江河谷小气候，最近32年极端最低气温低于0℃的出现天数累积只有4天，加上选用耐寒性较好的品种，因此也可以种植荔枝。

第二，荔枝对水分条件的要求。荔枝在年降雨量1 000~1 800毫米的地区生长良好。枝梢生长需要充足的水分，如每5~7天降雨一次或有充足的水源灌溉，则抽梢迅速，枝条生长旺盛，有利于形成成熟结果母枝。花芽分化期要求相对干燥天气，但在花穗抽出后，则需要适当的水分以利花穗生长。果实膨大期需要水分最多，但暴雨或连续阴雨会引起果实霜霉病，造成大量落果。

第三，荔枝对日照条件的要求。荔枝枝条生长和花芽分化需要一定的日照，但光照过强，水分蒸发大，易引起花丝凋萎，柱头固结，受粉困难。果实成熟期需要充足的日照才能增进果实色、味。

第四，开花结果的不利天气类型。

低温阴雨型：持续5~10天以上低温阴雨（日平均气温低于16℃，日降雨量2~10毫米）。雄花花药不开裂散粉，花粉丧失发芽能力，蜜蜂等昆虫也由于低温阴雨停止活动。

阵雨急剧降温型：有5~10米/秒东北风，中到大雨，甚至暴雨，气温下降在5℃以上，雌花大量脱落。

大风干冷型：出现6~7级大风，气温骤降5℃以上，相对湿度小于60%，造成大量落花。

第五，鲜果贮藏与气象条件关系。荔枝在高温高湿条件下成熟，水分多、糖分高，采收后不耐长途运输与贮藏，在28℃的室温条件下，一般一周左右即全部变质腐烂。采取冷藏方法或自发气体贮藏方法可以保鲜防烂。一般多采取自发气体保鲜贮藏，即荔枝装袋后密封装箱，在1~5℃低温条件下，利用荔枝本身的呼吸作用，造成自发保鲜的低氧和高二氧化碳的贮藏环境，可保鲜30~40天。

7.1.2　荔枝营养生长期与气象条件的关系

第一，根系生长。在土温10℃、土壤含水量9%以下时，荔枝根系开始或停止生长；在土温10~20℃、土壤含水量9%~10%时，荔枝根系由慢转快生长；在土温23~26℃、土壤含水量23%左右时，荔枝根系生长最快；在土温31℃时，荔枝根系又转入缓慢乃至停止生长。土层深厚、疏松肥沃，地下水位较低的丘陵山地，荔枝大树主根可深入土层4~5米，但在地下水位高的地区，主根只能生长在0.8~1.0米深处的土层中。

第二，枝梢生长期。荔枝树全年都生长，没有明显的休眠期，生长速度与品种、树龄、气候和水肥条件有关。一般情况下，迟熟品种在0℃时，早熟品种在4℃时，营养生长停止；8~10℃时，生长开始恢复；10~12℃时，生长缓慢；13~18℃时，生长增快；23~26℃时，生长最盛；40℃时，易发生日烧病。气温降至4℃时，幼嫩小叶受害，但老枝条在0℃不致受害；-1.5℃时，两天内荔枝老树不损伤；-2℃时，枝梢叶层受冻害；-2.6℃时，秋梢受严重冻害；-4℃时，分枝和全部叶片都会被冻死。因此，通常以-2℃作为荔枝的临界温度。一般情况下，老熟枝条比幼嫩枝条耐寒，迟熟品种比早熟品种耐寒。荔枝的枝梢生长发育需要较充足的水分，较大的空气湿度对新梢生长有利。若每5~7天降雨一次或有充足水灌溉，则抽梢迅速，枝条生长旺盛，有利于结果母株的形成。

7.1.3 荔枝生殖生长期与气象条件的关系

第一，花芽分化期。在一定范围内，冬季温度低且持续时间长，天气晴朗少雨，日照时数多，则花芽分化良好，来年花好，各品种均能大量形成花穗，如有一段时间的最低气温在0~2℃之间，对花芽形成最为有利；最低气温在

1.5~1.4℃时，早、中、晚熟品种均为良好；最低气温在2.7℃时，只是早熟和部分中熟品种能形成花穗，迟熟品种及部分中熟品种成花则稍差。因此，中熟品种和迟熟品种有一定时间的0~10℃的温度范围内的低温刺激更有利于花芽分化，形成纯花穗；11~14℃时，花和叶同时缓慢发育成有经济价值的花穗；14℃以上时，花穗发育不良，有利于小叶发育；18~19℃时，形成的小花穗已无经济价值。综上所述，19℃是成花的临界温度，0~10℃是花芽分化的理想温度。花芽分化期充足的日照有利于促进光合作用，增加有机质的积累，利于花芽分化，如果阴雨天多，会显著影响花芽分化的质量。冬季温暖多雨、湿度大，对花芽形成以至花穗的发育都有不利的影响，会使明春的花穗少而小。正如广州地区农谚说："年底冷，芫（嫩梢的意思）变花；年底暖，花变芫。"总体来说，冬冷、冬旱、晚花是次年荔枝丰产的预兆。冬冷、雨少、光足有利于花芽分化，雌花较迟，花穗结构好，纯花穗高，花穗短而壮。

第二，开花期。开花期天气以温暖为好，荔枝小花在10℃以上时才开始开放，18~24℃时开花最盛，29℃以上时开花减少。花粉的发芽以20~28℃最适，在此温度范围内因品种而异，低于16℃或高于30℃花粉发芽率明显下降。22~27℃时，荔枝分泌花蜜最多，蜜蜂活动最适，利于传花授粉。花期日照过强，大气干燥，蒸发量大，花药易干枯，花蜜浓度大，影响授粉受精，造成花而不实。因此，开花期最好是以晴天为主的晴间雨天。花期阴雨造成沤花、花而不实现象，同时昆虫活动少，影响传粉授粉。花期忌吹西北风和过夜南风，西北风干燥，易致柱头干枯，影响授粉；过夜南风潮湿闷热、雾多，容易沤花和引起落花。总之，盛花期温暖、光足、雨少、无强劲偏北风，是荔枝收成好的年景。上述天气还有利于光合作用，有利于养分合成和积累，有利于器官分化、授粉受精和坐果。

第三，果实生长发育期。荔枝果实发育要求15℃以上的温度。据报道，糯米糍荔枝从雌花盛开至果实成熟需要15℃以上的有效积温约860~880℃，15℃以下的低温常引起严重落果。小果发育期要求较充足的日照，如果阴雨天较多，则落果严重。荔枝果实膨大期要求适量的水分，宜数天一阵雨；如遇少雨干旱，会妨碍果实生长发育，引起大量落果。成熟期久旱骤雨，水分过多，则导致大量裂果。雨水过多则土壤通气不良，影响根系活动。果实发育期阳光不足，养分积累少，不利于果实发育长大；阳光充足有利于增进果实色味，提高品质。果实发育期间最忌大风和暴雨，易引起大量落果，严重者枝折树倒，造成巨大损失。总之，果实发育期天气晴暖，干湿适宜，无连绵阴雨、大风、暴雨和高温干旱等，是荔枝丰产的重要保证。

7.1.4 荔枝的几个关键气象条件指标

第一，在不受冻害前提下，冬季日平均气温低于10℃

的低温寒积量在 50~120℃之间为丰产年；小于等于 25℃ 为欠产年。

第二，在不受冻害前提下，冬季日平均气温低于 10℃ 的最大一次低温寒积量在 40~72℃之间为丰产年；小于等于 20℃ 为欠产年。

第三，冬季极端最低气温为 0.5~2.0℃ 时，多为丰产年；小于等于-2.5℃或大于等于 4.5℃ 多为欠产年。

荔枝果树花芽分化、开花、受粉时对水分和光照条件特别敏感，如果 4~5 月无长时间阴雨寡照或者长时间高温干旱，气温正常偏高，日照充足，则有利于荔枝果树的开花、受粉，提高坐果率。反之不仅不利于果树开花、受粉和坐果率的提高，还极容易造成大量的生理落花落果。此外，冰雹、雷雨大风等强对流天气的出现也容易造成花穗和幼果机械损伤，从而导致落花落果。

荔枝越冬期冻害或霜害指标、荔枝花芽分化期冻害或霜害指标、荔枝花芽分化期暖害指标分别如表 7.1、表 7.2、表 7.3 所示。

表 7.1　　　　　　　荔枝越冬期冻害或霜害指标

轻度	年极端最低气温-2.0~0.0℃
中度	年极端最低气温-4.0~-2.1℃
重度	年极端最低气温<-4.0℃

表 7.2   荔枝花芽分化期冻害或霜害指标

轻度	年极端最低气温-2.0~0.0℃
中度	年极端最低气温-4.0~-2.1℃
重度	年极端最低气温<-4.0℃

表 7.3   荔枝花芽分化期暖害指标

轻度	最冷月平均气温 13.0~14.0℃
中度	最冷月平均气温 14.1~15.0℃
重度	最冷月平均气温>15.0℃

7.2　合江县荔枝各类气象灾害影响及发生规律和防御措施

　　合江县是中国荔枝的最北缘种植区。然而目前全国还没有专门针对北纬28°荔枝种植带的气象灾害研究。涉及荔枝气象灾害方面的研究，研究的区域主要也是广东、广西、福建以及海南一带。本部分通过各类气象灾害对荔枝影响情况的调查分析及对各类气象灾害发生频率的统计，有针对性地提出对各类灾害的防灾减灾措施。各类气象灾害对合江县荔枝的影响情况的分析主要是根据调查和结合部分研究文献形成，各气象灾害发生频率选取合江县气象局台站 1976—2015 年的气象资料，制作了各类气象灾害发生频率分布图。

影响合江县荔枝产量气象灾害的选取。农作物产量形成与其构成的产量因子有关，荔枝产量因子主要是挂果率和果实大小，而挂果率与成花数、成果数有关，因此影响成花、成果的气象灾害因子即视为影响合江县荔枝的主要气象灾害。另外，由于种植带是最北缘地带，能否安全越冬（冬季冻害）也是一个必须考虑的因子。

根据已有研究，结合合江县气候特点和合江县荔枝的物候特征，我们得知影响荔枝产量的主要气象灾害有：冬季低温冻害（12 月—次年 2 月），花芽形态分化期的高温冲梢（2—3 月初），花穗、花期、幼果生长发育和果实膨大期的倒春寒、春旱、夏旱、连阴雨、冰雹（3—6 月），果实成熟采摘期的洪涝、高温日灼、冰雹（7—8 月）和秋梢抽生期的秋干（秋季降雨量距平百分率小于等于-20% 或 9 月份降雨量小于等于 75 毫米）。在统计中，春旱、夏旱、秋干统一称为干旱。

7.2.1 低温冻害对合江县荔枝的影响及发生频率

经过 2 000 多年的人工种植和品种改良，尽管合江县荔枝在抗寒性上有所增强，但低温冷冻灾害仍然是最为严重的气象灾害。从灾害调查情况来看，同年份，大型果园内部比外缘受灾轻；长江沿岸和大型湖泊周边种植区域比其他种植区域受灾轻；低海拔地区比高海拔地区受灾轻；同一座果园向阳面比背阴面受灾轻；树龄长的比幼树受灾轻。

低温冷冻主要影响春芽的萌发和生长，冻伤、冻死春芽，造成无法正常形成花芽，也就不会开花或者开花量减小，以致减产。严重的低温冻害造成叶片焦枯、枝条干裂，甚至整株死亡，一般30%以上叶片受冻焦枯的果树当年是不会开花的（泸州市农业科学研究院观测结论）。

根据农业气象基础理论，作物在气温低于5℃时停止生长，结合合江县荔枝有低温冻害灾害记录年份的气象资料分析，有低温冻害发生的年份，均出现了连续5天以上日平均气温低于5℃的时段，因此以连续5天日平均气温低于5℃作为低温冻害发生的标准。从历史气象资料统计来看，合江县北部荔枝低温冻害发生频率不到37%，在此区域种植相对更能避免低温冻害的影响。这和目前合江县荔枝种植区域大部分吻合。而合江县东部山区低温冻害发生频率均在40%以上，最大发生频率接近50%。因此，不考虑在合江县东部区域种植荔枝。

在收集到的1976—2015年的荔枝产量与相应的气象灾害资料中，其中有17年有不同程度、不同种类的灾害，只要是收集到了低温冷冻灾害发生的对应年份，都有不同程度的低温冻害灾情出现，共有11年发生了不同程度的荔枝低温冻害，因此应重点加强对低温冻害的防御。强度较强的 1980 年 2 月、2008 年 1 月，冷冻灾害分别造成了 1980 年、2008 年合江县荔枝大幅度减产。尤其是 2008 年，产量不足正常年份的 3%，算是绝收，90% 以上的树木受到不同程度的损害，10% 左右的树木死亡，并且导致 2009 年在没有大的气象灾害发生的前提下，单产仍然比正常年份少 30% 以上。

关于低温冻害的防御，在种植区域选取时，必须充分考虑到低温冻害带来的不利影响。合江县冷空气一般来自北方，气温也是随地理海拔的升高而降低，因此选择种植地最好是浅丘的阳面，能靠近大型水体更好，大型水体有调节局地小气候的功能。对果园来说防御措施一般有物理法、生态法、化学法三种。

7.2.1.1　物理法

物理法就是对果树用防寒物直接进行包裹、覆盖，其效果较为显著。但是若果园面积较大，则较费劳动力。目前，常采用的物理法如下：

第一，在果树行间覆盖稻草、玉米秸秆、树叶、枯草等，既可以保持土壤墒情，还能提高地温，20 厘米以上地温提升明显。

第二，在果树周围 1 米的直径范围内铺设地膜，注意镇压薄膜，防止被风吹走。

第三，在入冬前，用稻草绳缠绕果树主干、主枝或用草捆好树体主干，或者用生石灰涂抹树干。

第四，合江县荔枝种植区下雪的概率较小，因而果树对雪灾的抗逆性更小，容易受灾。若遇降雪，在大雪过后要及时摇落树上的积雪，即使用清除积雪法。

7.2.1.2 生态法

生态法就是通过一定的措施改善果树的生态环境，从而防御低温冻害的方法。

第一，灌水防冻法，即对果园进行灌水，既可以做到防止春旱，又可以使果园冬季的地温保持相对稳定，从而减轻冻害。

第二，熏烟防冻法。该方法宜在冬季最寒冷的夜间采用，消耗的成本较低，操作也较方便，特别适合大型果园。燃料以锯末灰、谷物糠壳、玉米高粱的碎秸秆为主，在午夜点燃，可在火堆上覆盖青草来控制火势，增加浓烟，使烟雾全笼罩果园为佳。一般每亩果园可设 3~4 个火堆，每堆用料 25 千克左右。熏烟法一般可使气温升高 3~4℃。

第三，营造防护林。防护林可以改善果园的小气候，冻害过程中可以减弱风速，从而减轻冻害。防护林自身也有经济效益，防护作用持久。

7.2.1.3 化学法

在灾害发生之前，喷洒具有一定功能的化学制剂，可以延迟果树花期，提高树体汁液浓度等，从而增强果树的抗寒性。

7.2.2　冰雹对合江县荔枝的影响及发生频率

合江县冰雹灾害发生时段在 4 月底至 8 月底，一般冰雹发生过程中都伴有短时阵性大风。正值荔枝开花、幼果膨大及果实成熟时期，若遭遇风雹灾害，轻者花、果实、叶片被部分刮落或者打落，重者植株被吹倒、树枝折断、花和果实全部被打落。受灾的树木大幅度减产，甚至绝收。合江县冰雹出现频率为 5 年一次，发生频率较小。40 年中合江县出现过 1 次大规模的风雹灾，发生在 1989 年。风雹灾虽然发生概率较小，但其危害性很强，一旦受灾将对产量造成严重影响，绝收率（绝收面积/受灾面积）达 90%以上。1989 年 "4·20" 风雹灾害造成合江县荔枝大面积枝断树倒，并且正值盛花期，受灾树木花序全部吹落，基本绝收，当年合江县荔枝产量不到正常年份的 10%。

冰雹灾害的补救措施有以下几点：

第一，扶正树干。遭冰雹、大风后，部分果树会被刮倒或倾斜，要及时扶正树体，必要时使用支架固定，扶正的果树要培土并踩实。

第二，及时修剪。遭冰雹灾害后，要疏除受冰雹损伤严重的断枝。如果较大的骨干枝皮层受伤而未断裂，应尽量保护和利用。

第三，及时 "疗伤"。对一些被冰雹打伤的果树的主干、主枝和一些较大的侧枝的皮层应及时除掉翘起的树皮，涂抹伤口保护剂，如843康复剂、治腐灵等，以提高伤口的愈合能力。

第四，及时包扎。对一些被冰雹打伤了的皮层，破裂面积在1平方厘米以上的主、侧枝上的伤疤，在涂抹药物的同时，用塑料布或塑料袋包扎伤口，以加速伤口的愈合。

第五，适时喷药。对所有遭受雹灾的果树，应全面喷2~3次杀菌剂，每隔10~15天喷一次，预防病菌侵染。喷洒的杀菌剂有菌毒清300倍液、苗必清600倍液、2.5%多菌灵600倍液。落叶后再喷一次福美砷100倍液。

第六，追施肥料。每隔10天喷一次0.3%磷酸二氢钾加0.3%尿素，及时对树体补充养分；每株大树追施磷酸二铵1.5千克、加尿素1.5千克或氮磷钾复合肥0.5~1千克，小树酌减。

第七，清理果园。摘除无食用价值的伤果，恢复树势。把地果、残枝、落叶等清理出果园，能有效减少病害。

7.2.3　连阴雨对合江县荔枝的影响及发生频率

连阴雨是指连续3~5天的阴雨天气，日照时数偏少50%以上的天气过程。本部分讨论的是3~6月荔枝开花授粉期、幼果生长发育及果实膨大期连续7天以上的阴雨天气。首先，荔枝在开花期遭遇连续阴雨天气，将造成荔枝花粉活力减弱，蜜蜂活动减少，大大降低了授粉率，从而造成坐果率低，严重时还会造成花朵萎蔫，大量落花。其次，在幼果生长发育及果实膨大期，因为阴雨天气，叶片不能正常制造养分，而其本身还要进行必要的呼吸消耗，因此其能量的供应来源只能从果实贮备中供给，迫使幼果中的营养物质倒流，供应叶、枝、茎、根呼吸消耗所需要的能量，造成果实缩果、干瘪，果柄产生离层而脱落，致使幼果不能正常膨大。再次，由于阴雨连绵，土壤水分达到了饱和，土壤中水多、空气少，根的呼吸受阻、活性降低，吸收能力大大下降，部分根甚至窒息死亡。最后，在阴雨连绵、高温多湿的情况下，各种病虫害发生较为严重，叶斑病、轮纹病、炭疽病等均有危害，严重者造成落叶、落果、烂果。因此，连阴雨对荔枝产量和品质的影响都比较大，并且一旦发生，影响范围广，尤其是发生在开花期，成灾率将会进一步扩大。合江县连阴雨发生频率为30%～35%，该区域是泸州主要荔枝种植区，并且泸州连阴雨天气过程多发生在荔枝抽穗开花期及盛花期，一旦发生，多数年份都要受灾。

1991年5月，合江县出现了连续的阴雨天气，整月仅仅4天没有降雨，日照不足常年的20%，并且连阴雨还伴随了低温天气，当年60%以上的荔枝树受灾，大面积出现花而无果的现象，造成严重减产，平均单产不足正常年份的40%。

连阴雨天气的防御措施有以下几点：

第一，提早关注天气预报，若遇花期，采取喷施化学

168

药剂的方法，延迟开花时间。

第二，及时喷肥。叶片应多喷施速效性磷钾肥及多种微量元素叶面肥，少施氮肥，增强和延长叶片功能，多积累养分贮备，以免被幼果营养被"倒吸"。

第三，及时防治病虫害，使危害率降至最低程度。重点防治叶斑病、炭疽病等病害以及角质木虱等虫害。灾后要及时喷药消灭病原菌，减少发病基数。

第四，加强土壤管理，及时中耕除草，注意开沟排湿、排水。

7.2.4　高温日灼对合江县荔枝的影响及发生频率

高温日灼是指较高的气温和强烈的日照对作物造成的不利影响，根据泸州市农业局经济作物站的观察研究，荔枝幼果在连续 3 天最高气温大于等于 38℃，连续 5 天最高气温大于等于 35℃，每日日照时数在 10 小时以上的天气过程下将会有轻微灼伤，荔枝成熟前后，高温日灼加快其成熟，并且造成裂果、落果现象。高温日灼造成果皮出现晒斑，严重的造成果皮开裂，日后遇大风暴雨，更易发生裂果现象，果实将失去经济价值，同时会出现高温逼熟，使得果实成熟期提前，这样将对以晚熟闻名的合江县荔枝的经济价值造成影响。合江县高温日灼发生的时间一般在6—9 月，6 月为果实膨大期，受高温日灼的影响较为严重。7—8 月为果实成熟采摘期，受高温日灼的影响不大。9 月为秋梢抽生期，几乎不受高温日灼的影响。根据 1976—2015 年气象资料统计可知，合江县出现高温日灼气象灾害的年份平均有 8 年，发生频率约为 20%。在合江县荔枝种植区，高温日灼灾害发生频率自西向东逐渐加大。高温日灼过程一般伴有干旱发生，属于频率较低的灾害。在高温日灼出现年份中，成灾的年份仅有 5 年，均是发生在大旱年份。一旦出现灾害，受灾面积会较大，在幼果期发生，对产量的影响较大；在果实成熟采摘期发生，造成裂果、落果现象严重。1976 年 7 月，合江县出现了连续 15 天的高温晴热天气，造成荔枝大量裂果、落果，大大影响了合江县荔枝的经济价值。

高温日灼的防御措施有以下几点：

第一，灌水覆盖法。在果园中种植绿肥或在果园地表覆盖秸秆，在高温季节多次进行灌水，可使地表和树体的气温明显下降，能有效地防止日灼的发生。

第二，涂白贴纸法。利用白色反光的原理来减少果实吸热。具体操作方法：在果实的向阳面，涂白剂或贴上白纸。涂白剂的配制方法：生石灰和水按 3∶8 的比例配制（重量比），加少量食盐，调成糊状。如果贴白纸，可以根据一束果实的大小，剪取略大于果面的白纸，贴在果实向阳面。

第三，果实套袋。利用废旧书报制作袋子，袋子的规格应根据一束荔枝果实的大小及形状制作。套袋方法：先将纸袋套住果束，把整束果实都包在袋内，然后用线扎紧袋口，注意袋子底部不要密封，保证透气性。

第四，搭建遮阳网。在果树树冠上方搭建遮阳网可以有效防御日灼，遮阳网的大小根据果树自身情况而定，大型果园需分片搭建。

7.2.5 倒春寒对合江县荔枝的影响及发生频率

倒春寒是指在春季（3—5月）气温出现10℃以上幅度的降温，连续3天日平均气温低于10℃的强寒潮天气过程。此时正值荔枝开花期，如果在开花期间遭遇倒春寒，突如其来的强降温影响花粉活力，过程持续时间长了还会造成花粉死亡，影响结果率。1976—2015年，合江县仅有两年发生过倒春寒，发生频率仅为5%。倒春寒发生的频率虽然低，但由于发生在荔枝对气温要求的敏感时段，一旦发生，必然对当年的荔枝产量形成非常严重的负面影响，1976—2015年出现的两次倒春寒都对合江县荔枝造成了较大的影响。1988年3月，合江县出现了连续6天低于5℃的天气，最低气温仅有1℃，当年受灾的果树开花率大大降低；1991年5月上旬，合江县出现了过程降温达16.7℃的强寒潮天气，日平均气温连续3天低于10℃，此时正是合江县荔枝的盛花期、幼果期，大部分花萎蔫，不能授粉，幼果脱落，受灾果树减产严重。

倒春寒的防御措施有以下几点：

第一，喷洒石灰水。在果树开花前 25~30 天，喷洒 1% 的石灰水，能延迟开花 3~5 天，可躲过寒潮天气带来的低温危害，但一般不能提前 25~30 天知道准确的预报。

第二，灌水降地温。果树开花前后收听收看天气预报，在寒潮天气来临前浇水，降低地温，使果树生长减缓，能延迟开花 2~3 天。

第三，喷施化学药剂，如萘乙酸液，可延迟果树开花期 5 天以上，从而躲避冻害。

第四，熏烟防寒。寒潮来临时在果园周围点燃火堆，浓烟为好，在果园的上方形成一层烟雾，一般可以提升 3℃ 的气温，能减小寒潮低温的危害。

第五，喷施能提高植物细胞的抗逆性的化学药剂来减轻寒潮的危害。

第六，人工干预授粉。在灾害没发生前或者轻微发生前，人工采集花粉并做好存放工作，灾害过程一旦结束立即采取人工授粉。

除了做好防御措施外，灾后补救措施也很重要。其具体如下：

第一，加强肥水管理。低洼处冷害严重的地块灾后应抓紧追施速效氮肥，及时浇水，促使果树生长，以保没受冻的花、果。

第二，喷施叶面肥。倒春寒一般不会冻坏叶子，灾后应及时喷施叶面肥，如"天达-2116"、磷酸二氢钾或"叶霸"等，以增强树叶的光合能力，确保能提供充足的养分供植株生长。

7.2.6 洪涝对合江县荔枝的影响及发生频率

洪涝是指单日发生强降水天气过程或者连续数天发生较强降水天气过程，降水量累计量大。各地洪涝标准不一样，泸州地区以日降水大于等于 100 毫米或者 3 日累计降水大于等于 150 毫米为洪涝标准（四川气象灾害指标）。荔枝树受涝后，根部较长时间处于雨水浸泡状态，往往会因通气不良而造成烂根，影响果树的正常生长。由于营养传输不畅，使得果实营养供给不良而造成果实脱落及严重影响秋梢抽生，甚至还会出现果树坏死现象。另外，强降水过程伴有的短时阵性大风会吹断树枝，甚至树干。此外，洪涝引起的坍塌、泥石流等地质灾害会造成果树断倒。

合江县洪涝灾害多发生在 6~8 月，从气象标准来统计，1976—2015 年发生洪涝灾害的年份有 15 年，发生频率约为 38%，洪涝灾害在合江县荔枝种植区发生频率较高。结合历年荔枝树受洪涝灾害后对产量的影响来看，其遭受洪涝灾害的频率明显小于气象标准的发生频率。洪涝灾害造成荔枝受灾的面积通常也不是很大，原因是荔枝树是多年生乔木，根系较为发达且植株高大，种植地一般为丘陵，即使出现强降水，水都流向了地势更低的田地、溪河，在荔枝遭受的气象灾害中，洪涝的成灾率和绝收率是比较低的。

因洪涝造成大面积绝收的案例还不曾出现，灾情时常出现在地势低洼地带。

洪涝灾害的主要补救措施有以下几点：

第一，排水。雨后及时开沟排出积水，并冲洗附在枝叶上的泥浆、枯叶、垃圾等，扶正被洪水冲倒的树株。排水后，翻开树盘周围的土壤进行晾晒，经过3天晴好天气晾晒后再把土填回去。露在土壤外面的树根要重新埋入土中。

第二，耕土。被水淹过的土壤容易板结，引起根系缺氧，从而引起营养供给不足。因此，等土壤稍微干燥些之后，应抓紧时间翻土，搞碎板结的土块。

第三，施肥。果树受涝后，根系受到损伤，吸收肥水的能力变弱，不宜立即进行根部施肥，只能施叶面肥，用0.1%~0.2%的磷酸二氢钾或0.5%的尿素溶液均可。等果树长势有所恢复后，再对根部施肥，促进长出新根。

第四，修剪。及时剪除断裂的树枝，清除落叶、落果。对根系受伤严重的树及时减负，做好剪枝、去果的措施，以减少蒸腾量，必要时加强救治，防止整株死亡。

第五，防治病虫害。涝后要及时喷洒一遍高效农药，防止病虫害滋生蔓延。

7.2.7 高温冲梢对合江县荔枝的影响及发生频率

荔枝"冲梢"是指在荔枝花芽形态分化时期，如果气温太高，在发育的花序中长出枝叶，消耗花穗营养，花穗发育受到影响，从而影响成花数量，造成减产的现象。0~10℃是花芽分化的理想温度，低于0℃荔枝嫩叶、嫩芽就会冻死，时间长了将极大地降低荔枝产量；高于10℃的天数长了，叶芽分化成花芽的数量就会大幅下降，也会显著影响荔枝产量。据泸州市农业局统计数据表明，合江县荔枝在花芽形态分化期，当气温大于等于10℃时将出现少量小叶；当气温大于等于12℃且持续3天时冲梢灾害就会明显发生，因此此处所说的高温冲梢以日均温连续3天大于等于12℃为标准。

不同品种的花芽分化期不同，早熟品种一般在第一年的12月中下旬就开始花芽分化，迟熟品种则需要等到第二年2月才花芽分化。总体来说，合江县荔枝花芽形态分化期一般在12至次年2月，该时段的历年平均气温在8~10℃，气温非常适宜荔枝花芽形态分化。从1976—2015年的气象资料来看，在12月至次年2月连续出现3天日均温大于12℃的年份有7年，发生频率约为18%。

从近几年的气象资料看来，冬季较暖，高温冲梢发生的概率有所增大，这可能与全球气候变暖有关。

高温冲梢的防御措施有以下几点：

第一，喷施化学药剂，可用40%的乙烯利6~8毫升兑水15千克喷梢，可减少小叶生长，促进花芽分化。

第二，人工摘叶，摘除刚展开的嫩叶，减少养分消耗，防止冲梢。

7.2.8 干旱对合江县荔枝的影响及发生频率

荔枝旱灾是指由于果树得不到正常的水分供给而影响正常开花结果，从而导致减产的一种气象灾害。荔枝树根系较为发达，一般不容易发生旱灾，树龄越长的果树，发生旱灾的概率就越低。合江县荔枝遭受的干旱多为春旱、夏旱和秋干。春旱、夏旱期间正值荔枝开花期、幼果生长发育及果实膨大期。开花期干旱，气温升高，空气变得干燥，造成花粉活力减弱，从而影响授粉；幼果生长发育及果实膨大期干旱，果实得不到正常的水分膨大，导致干瘪、脱落，从而影响产量。秋干正值秋梢抽生期，此时干旱将使来年结果母枝的抽生减少或抽生的秋梢柔弱、不健壮。由于合江县荔枝 7 月中旬开始陆续成熟采摘，因此单独的伏旱（7—8 月连续 20 天总降雨量小于 35 毫米）对荔枝并无太大影响。如果是连旱，其影响主要表现为成果数量减少、落果和阻止果实膨大。严重的春旱还可能造成焚风的发生，以致花粉遭受高温而死亡，从而造成大量减产。

按照气象干旱标准，根据 1976—2015 年的气象资料统计，合江县发生干旱的频率约为 65%。干旱标准有气象学标准和作物生理学标准，一般在灾情统计中都以作物生理学标准，即作物生理受灾为标准，因此虽然用气象学标准统计干旱的发生频率约为 65%，但旱灾发生的频率要小得多。由于旱灾是一个慢慢发展的过程，有可预知性，只要水源充足，救灾容易，因此即使大面积发生了灾害，绝收率也较低，其损失也不如其他灾害损失大。但是干旱发生时如果水源也受限，在此情况之下，旱情会迅速发展，影响会快速变大。

干旱的防御措施有以下几点：

第一，地面覆盖，即用秸秆、杂草、地膜对果园进行地面覆盖。干旱天空气干燥，火险等级较高，覆盖时注意用土压好覆盖物，防止火灾和风吹。

第二，松土保墒。对荔枝树周围松土，目的是切断土壤毛细管，减小蒸发，同时也可以清除树周围的杂草，减少杂草生长对水分的消耗。

第三，合理修剪。修剪是调整树势强弱的重要措施之一，及时抹除多余的萌芽，疏剪多余的枝条，并对徒长枝、旺长枝进行短截、摘心，以减少枝叶数量，减少水分蒸腾量。

第四，减少负载。果实内水分含量较高，对长势较弱的树应适当减少负载，可以减少果实对水分的需求量，相应地增加供给树体生长的水分量。同时，适当减少负载还可以增加树体的营养储存，提高树体的抗旱能力。

第五，改良土壤。这是指在墒情较差的情况下施用土壤改良剂、土壤保水剂、土壤蒸发抑制剂等来逐渐增强土壤的保肥保水能力。

第六，降低蒸腾。在枝条生长旺期，可以喷用多效唑等植物生长延缓剂,抑制枝叶的快速生长。这样既可以降低水分的蒸腾量,又可以使树体生长健壮,提高其抗旱能力。此外,叶面喷施蒸腾抑制剂也可以有效降低叶片水分的散失。

7.3 合江县荔枝分月栽培及气象服务重点

7.3.1 1月份

1980—2012年,1月平均天气气候概况如表7.4、表7.5所示。

表7.4 1980—2012年,1月平均气温和降水概况

站名	平均气温（℃）				平均降水（mm）			
	1月	上旬	中旬	下旬	1月	上旬	中旬	下旬
合江	7.9	8.1	7.7	7.9	29.1	8.3	10.7	10.1

表7.5 1980—2012年,1月平均天气气候概况

站名	最低气温			月合计		累年月降水日数（天）	累年月雾日数（天）	1981—2010年日极值		
	≤2℃天数（天）	≤0℃天数（天）	≤-2℃天数（天）	日照（小时）	蒸发（mm）			最高气温（℃）	最低气温（℃）	最大日降水（mm）
合江	13	2	0	33.7	22.7	138	60	19.5	-2.2	11.1

生长期，即花芽生理分化和形成期，中心任务为控制冬梢，促进花芽分化，壮花穗。

果园管理要点如下：

第一，一定要高度重视防冻工作。

第二，如遇到温度过高情况，要注重控制冬梢生长，可以采取人工摘除或用药物"杀梢"的方法。

第三，如遇到干旱，要浇水，促进花芽萌发。

第四，继续进行果园深耕、深翻和清园工作，树干涂白。

气象服务重点如下：

第一，低温冻害是关注的重中之重，当最低气温小于等于2℃，持续时间达到24小时以上，将产生轻微冻害；当最低气温小于等于0℃，持续时间达到12小时以上，将产生轻度冻害；当最低气温小于等于-2℃，持续时间达到12小时以上，将产生中度冻害；当最低气温小于等于-4℃，将产生严重冻害。日平均气温低于5℃且连续3天及以上，气象观测场最低气温低于2℃，背阴、迎风地方很可能会低至0℃。

合江县气象观测场最低气温达到2℃时，合江县境内的迎风处、背阴处可能就已经接近0℃了，需要向种植户发布低温预警；合江县气象观测场的最低气温达到0℃以下时，或者预报有雪、霜、冻必须发布重大灾害预警，立即向县政府报告，向县农业部门和各乡镇通报。

第二，关注高温影响，因为高温会诱发"冲稍"。关注点是日平均气温超过 13℃，连续两天以上。

第三，关注持续 5 天以上的连阴雨。

7.3.2　2 月份

1980—2012 年，2 月平均天气气候概况如表 7.6 和表 7.7 所示。

表 7.6　1980—2012 年，2 月平均气温和降水概况

站名	平均气温（℃）				平均降水（mm）			
	2 月	上旬	中旬	下旬	2 月	上旬	中旬	下旬
合江	10.0	9.0	10.4	10.6	27.4	8.1	10.8	8.5

表 7.7　1980—2012 年，2 月平均天气气候概况

站名	最低气温			月合计		累年月降水日数（天）	累年月雾日数（天）	1981—2010 年日极值		
	≤2℃天数（天）	≤0℃天数（天）	≤-2℃天数（天）	日照（小时）	蒸发（mm）			最高气温（℃）	最低气温（℃）	最大日降水（mm）
合江	3	0	0	44.6	33.7	119	34	24.8	0.2	20.8

生长期，即花芽生理分化和形成期，果园管理要点如下：继续做好清园和防冻工作。在 2 月下旬做一次病虫害防治。

气象服务重点如下：

第一，继续关注防冻工作，具体同 1 月。

第二，关注高温影响，因为高温会诱发"冲稍"。关注

点是日平均气温超过 13℃，连续两天以上。

第三，关注持续 5 天以上的连阴雨。

7.3.3 3月份

1980—2012 年，3 月平均气温和降水概况如表 7.8、表 7.9 所示。

表 7.8 1980—2012 年，3 月平均气温和降水概况

站名	平均气温（℃）				平均降水（mm）			
	3月	上旬	中旬	下旬	3月	上旬	中旬	下旬
合江	13.8	12.0	14.1	15.1	48.7	13.5	14.4	20.8

表 7.9 1980—2012 年，3 月平均天气气候概况

站名	最低气温			月合计		累年月降水日数（天）	累年月沙尘暴日数（天）	累年月扬沙日数（天）	累年月浮尘日数（天）	累年月雾日数（天）	1981—2010 年日极值		
	≤2℃天数（天）	≤0℃天数（天）	≤-2℃天数（天）	日照（小时）	蒸发（mm）						最高气温（℃）	最低气温（℃）	最大日降水（mm）
合江	1	0	0	85.2	64.2	147	0	0	1	25	35.7	1.2	25.0

生长期，即开花前期果园管理要点如下：

第一，对"冲梢"花穗人工摘除小叶，或喷施药物"杀梢"。

第二，施肥，促进花芽萌发，3 月下旬进行第二次病虫害防治。

第三，遇旱淋水，保证花穗正常生长，遇高温则淋水降温。

气象服务重点如下：

第一，高温影响，最高温度超过 28℃，会诱发"冲梢"，影响花苞生长、成花。晴朗少云的夜间易出现霜冻，白天气温迅速回升，昼夜温差较大，果园应注意夜间防冻。

第二，阴雨影响，连续 5 天以上的阴雨影响成花。

7.3.4 4 月份

1980—2012 年，4 月平均天气气候概况如表 7.10、表 7.11 所示。

表 7.10 1980—2012 年，4 月平均气温和降水概况

站名	平均气温（℃）				平均降水（mm）			
	4 月	上旬	中旬	下旬	4 月	上旬	中旬	下旬
合江	18.5	17.0	18.4	20.1	88.9	27.9	29.5	31.5

表 7.11 1980—2012 年，4 月平均天气气候概况

站名	平均气温稳定通过日期			月合计		累年月降水日数（天）	累年月沙尘暴日数（天）	累年月扬沙日数（天）	累年月浮尘日数（天）	1981—2010 年日极值		
	≥5℃	≥10℃	≥15℃	日照（小时）	蒸发（mm）					最高气温（℃）	最低气温（℃）	最大日降水（mm）
合江	1 月 14 日	3 月 5 日	4 月 8 日	116.5	93.7	153	0	1	1	35.5	7.2	43.5

生长期，即早熟品种为开花期，中迟熟品种为花穗期。中心任务为早熟品种保花保果，中迟熟品种促抽生、健壮花穗。

果园管理要点如下：

第一，高度关注"冲梢"工作，用多效挫或其他药剂

控制"冲稍",在"冲稍"花穗刚展开时可人工摘除小叶。

第二,早熟品种通过采取放蜂、摇树、人工授粉,连阴雨天气可以打开遮雨棚,高温干旱天气可以喷水等方法增加授粉机会,提高坐果率;适当喷激素保果。

第三,中迟熟品种施花前肥(以磷、锌肥为主,少施氮肥),促进花器官发育,提高坐果率,减少第一次生理落花落果;短截和疏除花穗,以提高花质,减少落花;花前防治病虫。

第四,喷药杀除越冬荔枝椿象。

气象服务重点如下:

第一,高温影响,最高温度超过28℃或平均气温连续3天超过22℃,会促使荔枝"冲稍",影响花苞生长、成花。

第二,关注大风和寒潮影响,最低气温低于16℃,风力大于8级。

第三,关注沙尘天气影响。

7.3.5　5月份

1980—2012年,5月平均天气气候概况如表7.12、表7.13所示。

表7.12　1980—2012年,5月平均气温和降水概况

站名	平均气温（℃）				平均降水（mm）			
	5月	上旬	中旬	下旬	5月	上旬	中旬	下旬
合江	22.2	22.0	22.1	22.6	144.4	42.7	42.4	59.4

表 7.13　　1980—2012 年，5 月平均天气气候概况

站名	最高气温			月合计		累年月降水日数（天）	累年月沙尘暴日数（天）	累年月扬沙日数（天）	累年月浮尘日数（天）	1981—2010 年日极值		
	≥30℃天数（天）	≥35℃天数（天）	≥37℃天数（天）	日照（小时）	蒸发（mm）					最高气温（℃）	最低气温（℃）	最大日降水（mm）
合江	80	8	1	133.0	115.5	168	0	0	0	38.1	9.3	80.3

生长期，即早熟品种幼果发育和第二次生理落果；中迟熟品种开花和第一次生理落果。中心任务为早熟品种保果和促进幼果迅速膨大；中迟熟品种保花保果。

果园管理要点如下：

第一，早熟品种施稳果壮果肥和重点防治蒂蛀虫。

第二，中迟熟品种继续通过采取放蜂、摇树、人工授粉，连阴雨天气可以打开遮雨棚，高温干旱天气可以喷水等方法增加授粉机会，提高坐果率；适当喷激素保果；谢花后及时追肥，以补充营养，减少生理落果。

第三，病虫害防治重点：蒂蛀虫、荔枝椿象、荔枝瘿螨、尺蠖、卷叶蛾等。

气象服务重点如下：

第一，关注低于 16℃ 或高于 30℃ 的天气。

第二，重视连阴天气影响，如连续 5 天以上，影响授粉。

第三，晴朗、微风天气最适宜荔枝开花、授粉。

第四，暴雨会淋落成花。

7.3.6 6月份

1980—2012年，6月平均天气气候概况如表7.14、表7.15所示。

表7.14 1980—2012年，6月平均气温和降水概况

站名	平均气温（℃）				平均降水（mm）			
	6月	上旬	中旬	下旬	6月	上旬	中旬	下旬
合江	24.4	23.6	24.4	25.3	165.6	50.1	57.5	58.0

表7.15 1980—2012年，6月平均天气气候概况

站名	最高气温（℃）			月合计		累年月降水日数（天）	1981—2010年日极值		
	≥30℃天数（天）	≥35℃天数（天）	≥37℃天数（天）	日照（小时）	蒸发（mm）		最高气温（℃）	最低气温（℃）	最大日降水（mm）
合江	120	16	2	115.5	107.3	181	38.5	15.3	117.6

生长期果实迅速膨大，发生第二次生理落果，中心任务是保果、壮果。

果园管理要点如下：

第一，在小果呈黄豆大时疏果。

第二，早熟品种采果前15天根据树势适当施稳果肥，并防治好蒂蛀虫；适时采收果实，及时做好清园（剪除病虫枝、荫枝、密枝、除草）和施促梢肥等。

第三，施好稳果壮果肥，结合疏果进行剪枝。

第四，喷90%敌敌畏800倍液，加40%乐果1000倍

液，加 70%甲基托布津 1 000 倍液体，或者喷 90%敌百虫 800 倍液，加 40%乐果 1 000 倍液和 50%多菌灵 1 000 倍液防治椿象、蒂蛀虫、尺蠖、霜霉疫病等。

气象服务重点如下：

第一，主要关注高温（日平均气温超过 32℃）影响。

第二，低温阴雨。持续 5 天以上低温阴雨（日平均气温低于 16℃，日降雨量 2~10 毫米），阴雨天时低洼地带的荔枝树要注意排水。

第三，关注干旱影响。

7.3.7 7 月份

1980—2012 年，7 月平均天气气候概况如表 7.16、表 7.17 所示。

表 7.16 1980—2012 年，7 月平均气温和降水概况

站名	平均气温（℃）				平均降水（mm）			
	7 月	上旬	中旬	下旬	7 月	上旬	中旬	下旬
合江	27.2	26.2	27.4	28.0	195.8	81.8	52.0	62.0

表 7.17 1980—2012 年，7 月平均天气气候概况

站名	最高气温（℃）			月合计		累年月暴雨日数（天）	1981—2010 日极值		
	≥30℃天数（天）	≥35℃天数（天）	≥37℃天数（天）	日照（小时）	蒸发（mm）		最高气温（℃）	最低气温（℃）	最大日降水（mm）
合江	226	75	23	183.4	159.3	9	39.9	18.1	145.2

生长期，即早熟品种果实成熟期，迟熟品种果实膨大期。中心任务为早熟品种采收，迟熟品种壮果、保果。

果园管理要点如下：

第一，早熟品种采收后及时施肥，修剪、"攻梢"，采后施速效氮肥为主。

第二，采前15天施果前肥（以速效氮、钾、镁混合肥为主），采后立即施果后肥（以复合肥为主），对结果丰产树叶面喷0.3%尿素加0.2%磷酸二氢钾混合液壮果。

第三，采果前20~25天选用20%速灭杀丁3 000倍液，加90%乙磷铝500倍液或10%灭百可2 000倍液，加64%杀毒矾600倍防治蒂蛀虫和霜霉疫病，同时注意防治天牛。

第四，注意排除田间积水，防止裂果、落果。

第五，防治重点：炭疽病、霜霉疫病、蒂蛀虫、天牛。

7.3.8　8月份

1980—2012年，8月平均天气气候概况如表7.18、表7.19所示。

表7.18　1980—2012年，8月平均气温和降水概况

站名	平均气温（℃）				平均降水（mm）			
	8月	上旬	中旬	下旬	8月	上旬	中旬	下旬
合江	27.2	28.3	27.2	26.2	138.5	39.9	50.2	48.5

表 7.19　1980—2012 年，8 月平均天气气候概况

站名	最高气温（℃）			月合计		累年月暴雨日数（天）	1981—2010 年日极值		
	≥30℃天数（天）	≥35℃天数（天）	≥40℃天数（天）	日照（小时）	蒸发（mm）		最高气温（℃）	最低气温（℃）	最大日降水（mm）
合江	229	83	4	189.0	161.9	6	41.5	18.5	90.1

生长期，即早熟品种、中熟品种枝梢发育和抽发期，迟熟品种果实成熟期、枝梢萌发期。中心任务为早熟品种、中熟品种促梢、壮梢，迟熟品种采收、促梢。

果园管理要点如下：

第一，及时采果。

第二，采后及时施果后肥，"攻梢"，肥料以速效氮肥为主。

第三，采果后进行果园除草，结合浅耕。

第四，及时施促梢、壮梢肥，以复合肥为主，适量增施钾肥。

第五，捕捉天牛成虫，刮除树皮卵粒和幼虫。

气象服务重点如下：

第一，极端高温 40℃持续 5 天以上。

第二，连续干旱。

第三，暴雨、大风、冰雹。

7.3.9　9 月份

1980—2012 年，9 月平均天气气候概况如表 7.20、表

7.21 所示。

表 7.20　1980—2012 年，9 月平均气温和降水概况

站名	平均气温（℃）				平均降水（mm）			
	9 月	上旬	中旬	下旬	9 月	上旬	中旬	下旬
合江	23.2	25.0	23.0	21.8	107.9	49.7	32.7	25.5

表 7.21　1980—2012 年，9 月平均天气气候概况

站名	平均气温稳定通过日期		月合计		累年月降水日数（天）	1981—2010 年日极值		
	≤20℃	≤15℃	日照（小时）	蒸发（mm）		最高气温（℃）	最低气温（℃）	最大日降水（mm）
合江	9 月 25 日	11 月 3 日	115.9	97.5	147	41.0	12.9	109.9

生长期，即早熟品种、中熟品种秋梢生长发育期，迟熟品种秋梢萌发期。中心任务为促梢、壮梢、保梢。

果园管理要点如下：

第一，对未及时抽发新梢的树酌情补施肥促梢。新梢抽发转绿后，追施速效氮、磷、钾肥一次。

第二，及时修剪病虫枝、枯枝、交叉重叠枝。

第三，喷施 90% 敌百虫 800 倍液或乐斯本 1 000 倍液，又或 10% 灭百可 2 000 倍液除虫保梢。

第四，继续捕捉天牛成虫，刮除树皮卵粒和幼虫。

气象服务重点如下：

第一，极端高温 40℃ 持续 5 天以上。

第二，连续干旱，超过5天的阴雨天气。

第三，暴雨、大风、冰雹。

7.3.10　10月份

1980—2012年，10月平均天气气候概况如表7.22、表7.23所示。

表7.22　1980—2012年，10月平均气温和降水概况

站名	平均气温（℃）				平均降水（mm）			
	10月	上旬	中旬	下旬	10月	上旬	中旬	下旬
合江	18.1	19.6	18.1	16.7	92.4	32.3	33.8	26.3

表7.23　1980—2012年，10月平均天气气候概况

站名	最低气温 ≤2.0℃ 天数 （天）	月合计		累年月降水日数 （天）	1981—2010年日极值		
		日照 （小时）	蒸发 （mm）		最高气温 （℃）	最低气温 （℃）	最大日降水 （mm）
合江	0	57.4	46.3	183	35.2	6.5	42.0

生长期，即早熟品种第二次秋梢萌发期，中熟品种、迟熟品种一次梢老熟期。中心任务为促进秋梢抽发，生长发育。

果园管理要点如下：

第一，施速效氮、磷、钾肥促进第二次秋梢萌发或第一次秋梢成熟。干旱时，注意灌（淋）水催芽保梢。

第二，发现尺蠖、卷叶虫、象鼻虫、金龟子时可用敌敌畏1 000倍液或10%灭百可1 500~2 000倍液喷杀。

第三，继续完成修剪和果园除草等工作。

气象服务重点如下：

第一，关注干旱影响。

第二，关注连阴雨影响。

7.3.11　11 月份

1980—2012 年，11 月平均天气气候概况如表 7.24、表 7.25 所示。

表 7.24　1980—2012 年，11 月平均气温和降水概况

站名	平均气温（℃）				平均降水（mm）			
	11 月	上旬	中旬	下旬	11 月	上旬	中旬	下旬
合江	14.0	15.8	13.9	12.2	51.1	19.5	18.7	12.8

表 7.25　1980—2012 年，11 月平均天气气候概况

站名	最低气温			月合计		累年月降水日数（天）	1981—2010 年日极值		
	≤2℃天数（天）	≤0℃天数（天）	≤-2℃天数（天）	日照（小时）	蒸发（mm）		最高气温（℃）	最低气温（℃）	最大日降水（mm）
合江	0	0	0	52.1	33.1	134	25.5	2.4	37.8

生长期，即结果母枝萌发期、生长发育期、老熟期。中心任务为壮梢、保梢。

果园管理要点如下：

第一，进行根外追肥，促进结果母枝生长发育和老熟，每隔 7~10 天一次，连喷两次。

第二，肥料为 0.2% 尿素、0.2% 磷酸二氢钾液。

第三，喷三氯杀螨砜加灭百可防虫保梢。

7.3.12　12 月份

1980—2012 年，12 月平均天气气候概况如表 7.26、表 7.27 所示。

表 7.26　1980—2012 年，12 月平均气温和降水概况

站名	平均气温（℃）				平均降水（mm）			
	12 月	上旬	中旬	下旬	12 月	上旬	中旬	下旬
合江	9.1	10.3	9.0	8.0	32.4	9.2	13.0	10.2

表 7.27　1980—2012 年，12 月平均天气气候概况

站名	最低气温			月合计		累年月降水日数（天）	累年月雾日数（天）	1981—2010 年日极值		
	≤2℃天数（天）	≤0℃天数（天）	≤-2℃天数（天）	日照（小时）	蒸发（mm）			最高气温（℃）	最低气温（℃）	最大日降水（mm）
合江	10	2	0	33.9	21.9	130	61	19.0	-1.5	16.1

生长期，即结果母枝萌发期、生长发育期、老熟期。中心任务为壮梢、保梢。

果园管理要点如下：

第一，继续用化学药剂杀冬梢或人工摘除转绿的冬梢。

第二，继续进行果园深耕、深翻和清园工作。

第三，喷 0.2% 尿素、0.2% 磷酸二氢钾混合液或复合型核苷酸保梢、壮花。

第四，树干涂白（常用生石灰 10 千克、硫酸粉 1 千克、水 40 千克调成）。

气象服务重点如下：

第一，低温冻害是关注的重中之重，具体同 1 月。

第二，关注高温影响，因为高温会诱发"冲稍"。关注点是日平均气温超过 13℃，连续两天以上。

第三，持续 5 天以上的连阴雨。

7.4　合江县荔枝种植区划

7.4.1　区划指标

根据荔枝的生活特性，荔枝生态区划以温度为主要指标。结合合江县荔枝生长的实际情况，我们把年极低温（最低温度）、年无霜期、1 月均温、年均温、年大于等于 10℃积温、年日照时数、年降水量等 7 个气候要素作为区划因子。区划指标如表 7.28 所示。

表 7.28　　　　　　　　　　区划因子

	年最低温度 （℃）	年无霜期 （天）	1月均温 （℃）	年均温 （℃）	年≥10℃积温 （℃）	年日照时数 （小时）	年降水量 （mm）
优质区	≥0	≥352	≥7.7	≥17.8	≥6 000	≥1 200	≥1 100
适宜区	≥-1	≥347	≥7.0	≥17.3	≥5 800	1 150~1 200	1 050~1 100
次适宜区	≥-1	≥342	≥7.0	≥16.8	≥5 600	1 100~1 150	≥1 000
不适宜区	<-1	<342	<7.0	<16.8	<5 600	<1 100	<1 000

注：适宜区包含优质区，次适宜区包含优质区和适宜区。

图 7.1~图 7.7 分别为年降水量、年日照时数、年大于等于 10℃积温、1 月均温、年均温、多年平均最低气温、年无霜期这 7 项指标对于荔枝种植的适宜性分级区划图。

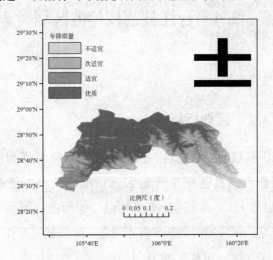

图 7.1　合江县年降雨量适宜性区划图

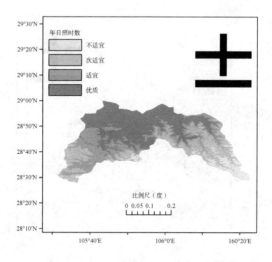

图 7.2 合江县年日照时数适宜性区划图

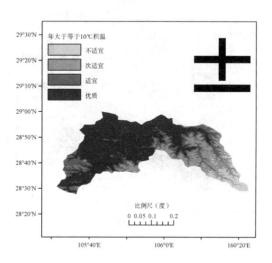

图 7.3 合江县年大于等于 10℃积温适宜性区划图

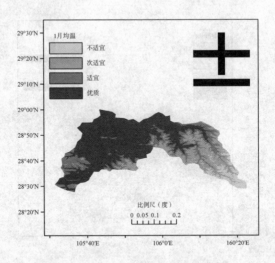

图 7.4 合江县 1 月均温适宜性区划图

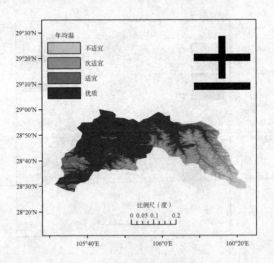

图 7.5 合江县年均温适宜性区划图

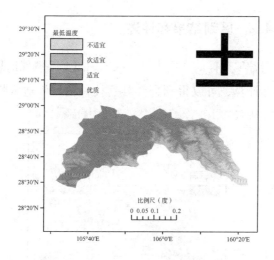

图 7.6 合江县最低温度适宜性区划图

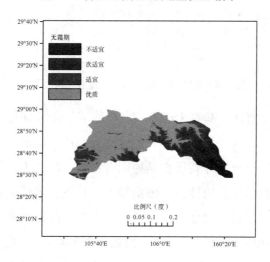

图 7.7 合江县无霜期适宜性区划

7.4.2 区划结果和评述

根据各项指标的适宜区域，我们通过 GIS 地理信息系统进行叠加计算，可以得到合江县荔枝种植气候适宜性区划如图 7.8 所示。

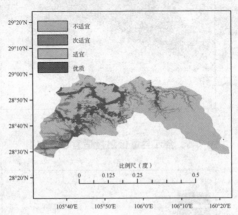

图 7.8　合江县荔枝种植气候适宜性区划图

最适宜区：基本无冻害，冬季能满足花芽分化适度地温，在正常管理情况下，开花结果好，产量稳定，果实品质佳，能充分发挥其优良品种固有特性。此区主要包括榕山镇、白米镇、白沙镇、佛荫镇、大桥镇、神臂城镇、虎头镇、实录镇、合江镇等沿长江、赤水河的河谷地带。此区的面积约为 740 平方千米，海拔在 350 米左右。由于靠近大型水体，此区有典型的河谷小气候，因而冬季不易遭受冷害。此区最冷月均温在 7.7℃ 以上，极端最低气温也在 0℃ 以上，气温温和，霜期在 4 天以下，霜期比较短，利于荔枝越冬；全年日照时数达 1 200 小时以上，降水超过 1 100毫米，全年的光、温、水、气条件都比较适宜荔枝发育生长。此区的荔枝种植颇具规模，提高了单株结实率，产量较高。

适宜区：在正常管理情况下，基本上能保持品种固有特性，有一定产量，果实品质佳，少受冻害，但较易受冬春干热或阴雨天气对成花坐果的不良影响。此区分布较广，主要分布在合江县北部及偏西乡镇。此区海拔在 280～400 米之间。此区极端最低气温在-1℃以上，霜期少于 9 天，比较适宜荔枝越冬，基本不易造成冻害。与优质高产区相比较，此区的热量条件略差一些，造成荔枝成熟时间推后，酸味加重。由于此区荔枝种植历史较短，生产规模较小，属于有潜力的、可大规模发展的区域。

次适宜区：从理论上来说也适宜种植荔枝，但由于传统的种植方式和制度，荔枝种植面积很小。此区的气候条件不足之处是热量偏少，连续的霜日可能给荔枝带来冻害，并且温度偏低，发育生长期延长，成熟时间延后，造成果实偏小，风味偏酸。

低温不适宜区：面积较广，主要是高山地区。此区由于温度偏低，给荔枝越冬带来很多困难。即使能越冬，由于日照、温度的原因，所结果实的品质也较差。此区包括自怀镇、福保镇。

7.4.3　优化布局建议

通过对气象资料的分析以及实地调查证明，合江县西部长江、赤水河沿岸地区的温、光、水匹配程度在合江地区是最适宜规模化种植荔枝的地区。合江县是我国荔枝种植的北缘，冻害是荔枝最主要的自然灾害，上述地区由于河谷小气候使其适宜种植荔枝，其余地区即使能种植荔枝，也会由于气候原因导致产量不稳定、果实品质不佳，因此其余地区不建议规模化种植荔枝。

8 合江县旅游与气象

8.1 旅游景观与气象条件的关系

旅游资源主要分为自然风光和人文景观两类。其中，自然风光类的旅游资源与气候关系密切，直接受到气候条件的影响。气候对户外旅游的影响主要体现在两方面：第一，旅游地的气候舒适度直接影响到旅游者的主观体感舒适程度；第二，一些特殊的气象现象的借景育景功能，如云海、日出等景观对户外旅游有较大影响。因此，气象气候资源对旅游业的发展起着重要作用，在其作用下，可以形成不同的自然景观和旅游环境。气象条件对旅游活动的开展、旅游导向等起着举足轻重的作用。

气象风景是在特定地区和特定天气条件下形成的景观，其景观不同于普通旅游资源的形体确定性与稳定性，具有内容的变幻性和意象的朦胧性。例如，山中雨景，无论是蒙蒙细雨，还是急雨如注，风雨飘摇中似乎一切景观都改变了面目，给山地景色蒙上了一层神秘色彩。气象风景的形成大都依赖于多种自然条件的特殊组合，随这些条件的变化而变化，甚至消失。因此，气象风景一般只出现在特殊地域的稳定而较短的时间里，在时间上具有速变性，在空间上具有选择性。例如，蜃景必须在水平（垂直）方向上温度和密度相差极大的气层，对景物多层次折射及全反射条件下才可能出现，而太阳光及大气的对流、平流运动等因素又使这种气层组合关系发生变化，蜃景也将发生变化乃至消失。蜃景之所以经常出现在江河湖海及沙漠草原上空，就是因为那些地域的多种天气条件容易产生上述组合。又如，宝光、彩虹、云海、雾凇、雨凇等几乎所有的气象风景都在特定的区位条件下发生。它们的出现都须有一定的气象条件，在一定的时间出现，并且变化较快。这些都表明气象风景的发生在时间和空间上都有其特殊性。

神、奇、幻、绝、妙为气象风景突出的艺术特征。这对旅游者具有巨大的吸引力。不同年龄、性别、职业的旅游者，无论其文化素养、经济收入、社会地位等的差异多大，他们对气象风景都怀有不同的心理需求和浓厚的兴趣。因此，许多旅游景区内的气象风景都成为主景、名景、绝景，吸引着无数旅游者。

8.2　合江县气候旅游资源介绍

　　合江县的旅游资源丰富，人文景观和自然景观皆有。自然景观主要分布在合江县的东南方，景观主要集中在福宝、自怀两个乡镇。合江县东南面地处大娄山山脉尾部的两条半山脉和一些中、低断头山，其地势起伏多变，境内又有河溪纵横交错，地貌被河溪切割出很多峡谷地貌。本部分将从旅游地的气候舒适度方面介绍合江县的旅游气候资源。

　　人们到一个地方去旅游，一般要考虑旅游地的气候特征，希望能有未曾体验过的天气和具有新鲜感的气候，选择舒适宜人的天气和季节去旅游。合江县主要景区的森林覆盖率高，享有"林海"的美誉。合江县景区舒适的气候主要得益于其高森林覆盖率和相对较高的海拔。气候的舒适度主要由空气温度、相对湿度、风和降雨四大气象要素综合决定。

8.2.1　空气温度

空气温度分析中主要用到合江县气象局观测站的观测

资料和区域站的观测资料。由于观测站建站时间较晚，还没有气候资料，因此选择近几年的资料进行分析。通过分析年平均温度可以看到天堂坝的年平均气温较合江县年平均气温低 2~2.9℃，自怀镇年平均气温较合江县年平均气温低 3~3.5℃。2011 年，合江县最热月（8 月）月均温为 30.3℃，而天堂坝最热月月均温为 26.1℃，自怀镇最热月月均温只有 24.7℃。在同一个地方，气温随海拔高度变化的规律为：海拔每增加 100 米，气温降低 0.6℃。合江县的景区内，部分景区的海拔比区域站的海拔高，气温也较低。景区气温低的另一个原因是森林覆盖率较好，林冠层对阳光的遮蔽和树木蒸腾作用要耗散大量的热量而使气温降低。合江县景区夏季会让人感觉凉爽、舒适，属于避暑胜地。合江县景区冬季气温较低，让人感觉寒冷，不过由于海拔高而气温低，在冬季偶尔会出现降雪天气，南方的雪还是比较稀奇的，但由于降雪持续时间不长，因此积雪较少。从气温分析看，合江县属于夏季型旅游区，旺季主要在 6—9 月。

8.2.2　相对湿度

合江县地处亚热带湿润季风气候区，气候较为湿润。由于合江县景区被森林覆盖，地面的蓄水能力较非林地区强；又由于树木的蒸腾作用，会使林区有大量的水汽，相对湿度较非林地区要高。从自怀观测站的相对湿度观测数据来看，其近 5 年的相对湿度为 88%，而合江气象局本站的相对湿度为84%。丰富的水汽是形成雾的物质条件。在丰富的水汽条件下，湿空气会下沉到山谷中，在秋冬晴朗的早晨，森林极易形成云雾缭绕的美景，此时的森林更增添了几分朦胧与神秘。

8.2.3　风

合江县的主导风向为偏北风，夏季以偏南风为主。合江县境内的风速普遍都不大，2011年合江县的两分钟平均年风速为1.1米/秒，天堂坝为0.4米/秒。从极大风速来看，2011年合江县气象局观测场极大风速为23米/秒，天堂坝为9.2米/秒、自怀镇为11.4米/秒。从风速分析合江县景区内风速明显小于合江县城区。

8.2.4　降雨

合江县的主要降雨季节在5—8月，春秋两季的降雨量较少，特别是比夏季少得多。春秋两季的雨日多在40～50天，整个季节三分之一的时间有降雨。秋季的降雨特点是雨量小、持续时间长，以秋绵雨为主。合江县的自然景区大多有湖泊，烟雨缥缈、细雨霏霏，荡舟湖上，观烟雨笼罩下的山色美景也是一番情趣。

从以上几个气象要素上分析合江的自然景区，在夏季，合江县景区让人感觉凉爽、气候舒适。这样的气候为合江县的旅游业发展提供了良好的条件。

9 气象灾害对交通运输、电力能源及人体健康的影响与防御措施

9.1 气象灾害与交通运输

交通运输是国民经济生产和社会生活的命脉。从某种意义上讲，交通与气象是一种不对等的弱势与强势的对手关系。气象对交通的影响是交通部门无法阻止的，但是了解和掌握气象的规律可以为交通更好地发展提供科学的决策依据。

9.1.1 主要影响

第一，降水。降水对交通运输的影响主要表现在两方

面：一方面是降水天气过程会使路况、能见度发生显著变化，对交通产生不利影响；另一方面是降水过后产生的存留物会对路况和交通造成持续不良影响。降水天气对交通运营的影响与降水性质、强度、降水量有着密切的关系。降雪和雨夹雪比降雨天气对交通影响更加显著。降雪和雨夹雪天气由于气温较低，路面会形成积雪、冰水混合物甚至结冰，车辆在冰雪路面上行驶，因汽车轮胎与路面的摩擦系数减小、附着力大大降低，汽车驱动轮很容易打滑或空转，尤其是上坡、起步、停车时还会出现后溜车的现象；车辆在行驶中如果突然加速或减速，很容易造成侧滑及方向跑偏现象；遇情况紧急制动时，制动距离会大大延长，高于一般干燥路面的 4 倍以上。由于冰雪的影响，非机动车或行人有时会发生突然摔倒或偏离正常行进方向的问题。降雨时，路面潮湿或出现积水，使路面摩擦系数降低，车辆行驶时易出现打滑或刹车失阻、制动有效距离加长的状况，从而造成交通事故。降水强度越强、降水量越大，对路况和车辆行驶的影响越大。同时，降水强度越强，能见度越差，会影响司机对前方目标物的判断，易发生交通事故，造成道路拥堵，还影响高速公路的运营收益。降水天气结束后，存留在路面上的积水对交通的影响还会持续。若道路的设施较好，路面的积水很快会流走、蒸发，对交通影响小些。降雪对交通影响较大，路面形成积雪或冰冻层，若清理不及时，对交通影响持续时间较长。

第二，气温。气温对交通运输的影响主要表现在高温和低温天气。气温太高，司机容易休息不好，会导致驾车注意力不集中；气温太高也对汽车车况影响大，长时间行驶易造成爆胎从而引发交通事故。有关实验证明，车内温度高于27℃时，驾驶员对于危险的反应时间比温度低于23℃时慢0.3秒（车速为60千米/小时），意味着驾驶员采取紧急刹车或绕开障碍物时，汽车要多行驶5~6米，这就是酷暑时行车事故发生率比平常气温时行车事故发生率高50%~80%的重要原因。寒冷季节，气温降到零度或零度以下时，路面易结霜或结冰，使路面摩擦系数下降，有降水天气时路面也易结冰，车轮打滑和刹车失阻现象严重，司机驾车时发生交通事故概率较高。

第三，能见度。能见度对高速公路的影响非常大，如果能见度较小，容易发生多辆汽车追尾事故。能见度越低对交通的影响越大。产生不良能见度的因素很多，比如雾、降水、大风、扬沙、浮尘、烟等天气现象。能见度影响交通的主要因子是雾、降水，而秋冬季大雾较多，对交通的影响较明显。

第四，大风。风对于陆上交通的影响与其对海上运输的影响相比要小得多。风对于行车安全的直接影响主要表现在大风使车辆行驶阻力增大，增加车辆负载，影响行车稳定性。此外，大风天气中，高速行驶的两车之间容易形成气体对流干扰现象，影响车辆行驶的稳定性，造成交通事故。当车辆迎风行驶时，车身易发生摆动；当风从车辆侧面刮来时，转弯时方向盘不易控制，高速行驶的高架货车和大型客车车身易发生倾斜，严重时甚至发生车辆颠覆事件。

第五，道路结冰。如果地面温度低于 0℃，道路上会出现积雪或结冰现象。合江县境内部分高山地区的公路在冬季容易道路结冰，极易造成交通事故，给合江县人民的生产生活带来极大不便。

9.1.2 防御措施

第一，推进交通气象观测网建设。通过与交通部门共同探索建设逐步形成交通气象观测合作模式，并将其逐步纳入各类交通设施建设的总体规划和工程项目中，建立设施共建、资料共享的规范化机制。建立交通气象观测系统，实现降水、气温、能见度、大风、道路结冰等主要影响交通安全的气象灾害观测。

第二，开展交通运输专业气象灾害预报业务。利用上级下发的预报产品，结合合江县境内观测数据，建立道路气象灾害预报模型，实现目的性强、时效性快的交通气象专业服务产品，逐步推进并完善部门合作，建立健全交通气象灾害预警发布机制，并根据预警标准，及时发布交通运输气象灾害预警信息。

第三，增强交通气象行业服务效益。必须进一步提高气象服务质量，增强气象服务水平，特别要提高短时临近的灾害性天气预报预警信息的及时性、准确性，开发更多适应交通行业用户需求的专业气象服务产品，开展精细化预报服务。

第四，加强与交通部门的交流和合作，建立规范长效的交通沟通机制。定期举办双方专业人员的交流会，学习了解交通行业知识，在气象产品和服务方面密切结合交通部门的实际需求，及时了解服务对象的反馈信息，改进气象保障服务手段，力求达到用户满意

9.2　气象灾害与电力能源

9.2.1　主要影响

合江县大部分的输电线路故障是由气象灾害引起的，其中影响较为严重的有雷电、雨雪冰冻灾害等。雷电会形成强大的电流、炽热的高温以及伴随电磁辐射和压缩后空气产生的冲击波，破坏高压输电系统，干扰电信号，击毁电子产品、高大建筑，引发火灾等。雨雪冰冻灾害也会给电力设施造成重大损失，使供电线路中断。高压线的钢塔在下雪天时，可以承受自身重量 2~3 倍的重量，但是如果电线结冰的话，可能会承受自身重量 10~20 倍的重量，并且电线结冰后，遇冷收缩，加上风吹引起的震荡，会导致

电线不胜重荷而被压断，几千米甚至几十千米的电线杆成排倾倒，造成输电中断，严重影响当地的工农业生产。

9.2.2 防御措施

第一，加强电力气象观测网建设。以满足电力气象服务需求为牵引，与电力部门合作，推动电力气象观测网建设。通过行业管理，推进电力气象观测系统建设并逐步将之纳入各类电力设施建设的总体规划和工程项目中。建立开展雨雪冰冻、雷电灾害易发生地区的电力气象观测试验，建立示范系统。

第二，开拓发展输电线路专业气象服务产品。推进与电力部门的合作，建立并健全输电线路气象灾害预警发布机制，依据不同气象灾害类型，根据不同预警级别，及时发布输电线路预警信息。

9.3 气象灾害与人体健康

9.3.1 主要影响

对人体健康产生影响的气象要素主要有下列几个：

第一，风。风对人体健康会产生影响。据有关部门研究发现，当风速大于 1 米/秒时，就会影响人体的体温调节和感觉。当气温较高时（≥36℃）风会加强人体汗液的蒸发，从而使人的体温调节不良；当气温较低时，风能加强热传导和热对流，导致人的身体热量散失较多而引起感冒。温和的风则能够使人精神焕发，提高人的紧张性；持续的、猛烈的大风能引起人精神兴奋，但会阻碍人的正常呼吸。

第二，气压。气压是随着天气和气候的变化而不断变化的，气压变化对人体健康的影响主要表现在：在高压环境中，人的机体各组织逐渐被氮饱和，当人重新回到标准大气环境时，体内过剩的氮便从各组织血液由肺泡随呼气排出，但这个过程进行慢、时间长。人如果从高压环境很快回到标准气压环境，则脂肪中积蓄的氮就会部分停留在人的机体内，膨胀形成小的气泡阻滞血液、液体和组织，形成气栓而引起病症，甚至危及人的生命。在低压环境中，人的血色素由于不能被氧饱和而出现血氧不足，当人的机体内氧的储备降低到正常储备的 45% 时，人的生命将受到影响。因此，在低压缺氧状况下，人会感到口、鼻、眼干燥，头晕，气喘，胸闷，呼吸急促，恶心呕吐，以至神经系统发生显著障碍等不良反应。

天气气象条件是影响人体生理、心理感觉的一种重要因素。天气和气候变化对人体的影响不仅是一些自觉不适感，还会使一些慢性病复发或加重。例如，溃疡病一般在冬季易发；关节炎、骨折痛或软组织损伤引起的疼痛在天气变化时会加剧；在潮湿的季节里，人们易患头痛、溃疡、皮疹等病；冠心病、中风、气喘、气管炎、偏头痛则在寒流到来气温突然下降时容易加重。

9.3.2 防御措施

第一，建立合江环境气象观测网。针对人民生活质量提高和人体健康的服务需求，完成环境气象观测系统的规划设计，在基本移动气象观测系统上增加配备污染物观测设备，增强对突发污染事件的监测能力。

第二，建立气象部门与卫生部门的合作机制。开发有针对性的专业卫生服务产品，建立专业气象预警发布流程，提高气象部门的专业化服务水平，拓展服务领域，提升气象部门的社会服务职责。

10 合江县气象灾害的防御管理

10.1 组织体系

10.1.1 组织机构

气象灾害防御工作涉及社会的各个方面，需要各部门通力合作，成立在县政府领导下，各相关部门为主要成员的县气象灾害防御领导小组，负责气象灾害防御管理的日常工作。各乡镇（街道）按"八有标准"组建气象服务中心，各村（社区）建立气象服务站，明确乡镇分管领导、乡镇气象协理员、村气象服务站站长、村民小组气象服务责任人、村组气象信息员，把气象灾害防御的各项任务落到实处。

10.1.2 工作机制

合江县建立健全"政府主导、部门联动、分级负责、全民参与"的气象灾害防御工作机制；加强领导和组织协调，层层落实"责任到人、纵向到底、横向到边"的气象防灾减灾责任制；加强部门和乡镇分灾种专项气象灾害应急预案的编制管理工作，并组织开展经常性的预案演练。合江县气象局与农业局、国土局、水务局、广播电视台、交通局、林业局、应急办、民政局、畜牧兽医局等部门加强合作，健全部门、乡镇（街道）、村（社区）、户四级信息互通机制，完善气象灾害应急响应的管理、组织和协调机制，提高气象灾害应急处置能力。

10.1.3 队伍建设

合江县加强各类气象灾害防范应对专家队伍、乡镇气象协理员队伍和村组气象信息员队伍的建设。合江县在乡镇设置乡镇气象协理员职位，明确乡镇气象协理员任职条件和主要任务；在每个行政村（社区）、村民小组组建气象信息员队伍，明确每个村民小组组长为气象服务责任人；不断优化完善乡镇、村气象信息员队伍考核评价管理制度。

气象协理员主要任职条件：具有较高的思想政治素质、较强的责任心和协作精神，能积极主动配合气象部门的组织管理工作；具备履行职责的基本知识和身体素质，了解本辖区内可能发生的各类气象灾害和气象灾害防御的重点区域，熟练掌握各类防灾避险和自救措施。气象协理员由专人或兼职人员担任，按照"条件明确、单位推荐、本人自愿"的原则挑选，由气象部门对其进行集中培训和考核。

气象协理员主要职责：负责气象灾害预报与警报的接收和传播，并根据当地实际，采取相应的防灾减灾措施，协助当地政府和有关部门做好气象防灾避险、自救、互救工作；负责气象灾害信息收集与上报，并协助上级气象部门人员赴现场进行灾害情况调查、评估和鉴定；负责及时将辖区内发生的气象灾害、次生气象灾害及其他突发公共事件上报气象部门；负责辖区内有关气象设施的维护和管理；负责对行政村、社区、学校等单位的气象服务站站长、气象服务责任人的组织管理。

气象信息员主要任职条件：具有较高的思想政治素质，能够吃苦耐劳，有较强的责任心，具备一定的组织管理能力，有较好的协作精神，能够积极主动配合县气象局的组织管理工作；具备能履行职责的基本知识和身体素质，比较熟悉可能发生的各类灾害性天气和气象灾害防御的重点区域；具备可以与县气象局沟通的固定联系方式，如手机、传真电话、电子邮箱等。

气象信息员主要职责：掌握及时的气象预警信息，包括信息的发布、更改、撤销等；参加气象部门举办的气象灾害预警信号识别与防御指引、气象灾害调查方法及其他相关技能知识的培训。

10.2　气象灾害防御制度

10.2.1　风险评估制度

风险评估是对面临的气象灾害威胁、防御中存在的弱点、气象灾害造成的影响以及三者综合作用而带来风险的可能性进行评估。作为气象防灾减灾管理的基础，风险评估制度是确定灾害防御安全需求的一个重要途径。

针对气象灾害防御，合江县建立城乡规划、重大工程建设的气象灾害风险评估制度；建立相应的强制性建设标准，将气象灾害风险评估纳入城乡规划和工程建设项目行政审批的重要内容；确保在规划编制和工程立项中充分考虑气象灾害的风险性，避免和减少气象灾害的影响。

合江县气象局组织开展本辖区气象灾害风险区划和评估，分灾种编制气象灾害风险区划图，为合江县政府经济社会的发展编制气象灾害防御方案，为应急预案提供依据。风险评估的主要任务包括：识别和确定面临的气象灾害风险，评估风险的强度和概率及其可能带来的负面影响与影响程度，确定受影响地区承受风险的能力，确定风险消减和控制的优先程度与等级，推荐降低和消减风险的相关对策。

10.2.2 部门联动制度

部门联动制度是全社会防灾减灾体系的重要组成部分，应加快防灾减灾管理行政体系的完善，出台明确的部门联动相关规定与制度，提高各部门联动的执行意识和积极性。针对气象灾害、安全事故、公共卫生、社会治安等公共安全问题，要进一步系统地完善政府与各部门在防灾减灾工作中的职能与责权的划分，做到分工协作，整体提高，强化信息与资源共享，加强联动处置，完善防灾减灾综合管理能力。同时，各部门应加强突发公共事件预警信息发布平台的应用。

10.2.3 应急准备认证制度

减少气象灾害风险最好的办法是根据气象预报警报及时、科学、有效地进行撤离、躲避和防御。要真正降低气象灾害风险，不仅应提高气象灾害的监测预报准确率和气象服务保障水平，还要在平时加强气象灾害的应急准备工作，提高基层单位的主动防御能力，从而将全社会气象灾害应急防御提高到一个新的水平。为有效促进和提高基层单位的气象灾害应急准备工作和主动防御能力，推动全社会防灾减灾体系建设，需要实施气象灾害应急准备认证制度。

气象灾害应急准备认证工作是对乡镇（街道、开发区）、气象灾害重点防御单位、普通企事业单位、农业种养大户等的气象防灾减灾基础设施和组织体系进行评定，以此促进气象灾害应急准备工作的落实，提高气象灾害预警信息的接收、分发、应用能力和气象灾害的监测、报告、应对能力，从而确保重大气象灾害发生时能够有效保护人民群众的生命财产安全。

10.2.4　目击报告制度

目前气象设施对气象灾害的监测能力虽然有了显著增强，但仍然存在许多监测的缝隙，需要建立目击报告制度，使气象局对正在发生或已经发生的气象灾害和灾情有及时、详细的了解，为进一步的监测预警打下基础，从而提高气象灾害的防御能力。各乡镇气象协理员、气象信息员应当承担灾害性天气和气象灾害信息的收集与上报工作，并协助气象部门等的工作人员进行灾害的调查、评估与鉴定，及时将辖区内发生的气象灾害、次生衍生灾害及其他突发公共事件上报。鼓励社会公众向气象局第一时间上报目击信息。

10.2.5　气候可行性论证制度

为避免或减轻规划和建设项目实施后可能受气象灾害、

气候变化的影响，及其可能对局地气候产生的影响，依据《中华人民共和国气象法》《气象灾害防御条例》《国家气象灾害防御规划（2009—2020）》，建立气候可行性论证制度，开展规划与建设项目气候适宜性、风险性以及可能对局地气候产生影响的评估，编制气候可行性论证报告，并将气候可行性论证报告纳入规划或建设项目可行性研究报告的审查内容之中。

10.3　气象灾害应急预案

10.3.1　总则

10.3.1.1　编制目的

建立健全气象灾害应急响应机制，提高气象灾害防范、处置能力，最大限度地减轻或者避免气象灾害造成人员伤亡、财产损失，为合江县经济和社会发展提供保障。

10.3.1.2　编制依据

依据《中华人民共和国突发事件应对法》《气象灾害防御条例》《四川省气象灾害防御条例》《国家气象灾害应急预案》《四川省突发公共事件总体应急预案》《四川省气象灾害应急预案》《合江县突发公共事件总体应急预案》及其

他相关法律法规制定本预案。

10.3.1.3 适用范围

合江县行政区域内干旱、暴雨、寒潮、大风、低温、高温、霜冻、冰冻、大雾和霾等气象灾害的防范和应对。

因气象因素引发旱涝灾害、地质灾害、森林火灾等其他灾害的处置，适用相关专项应急预案的规定。

10.3.1.4 工作原则

分级管理、属地为主。根据灾害造成或可能造成的危害和影响，对气象灾害实施分级管理。灾害发生地人民政府负责本地区气象灾害的应急处置工作。

预防为主、科学高效。实行工程性和非工程性措施相结合，提高气象灾害监测预警能力和防御标准。充分利用现代科技手段，做好各项应急准备，提高应急处置能力。

以人为本、减少危害。把保障人民群众的生命财产安全作为首要任务和应急处置工作的出发点，全面加强应对气象灾害的体系建设，最大限度地减少灾害损失。

依法规范、协调有序。依照法律法规和相关职责，做好气象灾害的防范应对工作。加强乡镇及各部门的信息沟通，做到资源共享，并建立协调配合机制，使气象灾害应对工作更加规范有序、运转协调。

10.3.2 组织指挥体系与职责

10.3.2.1 指挥机构组成

为加强对气象灾害应急工作的领导，合江县人民政府设立县气象灾害应急指挥部。县气象灾害应急指挥部下设办公室，办公室设在县气象局，主任由县气象局分管副局长担任。各有关部门按照职责，分工负责，互相配合，共同做好气象灾害应急工作。其他组织和个人应当服从合江县人民政府的安排，有义务参与气象灾害应急工作。

县气象灾害应急指挥部（以下简称指挥部）作为全县气象灾害防灾减灾工作的常设领导机构，统一组织、计划、协调和指挥全县气象灾害防治减灾工作。指挥部指挥长由县人民政府分管副县长担任，副指挥长由县政府办公室联系副主任、县气象局局长、县应急办主任担任，成员单位由县人武部、县委宣传部、县发改局、县经商局、县教育局、县公安局、县民政局、县财政局、县国土局、县环保局、县住建局、县交运局、县水务局、县农业局、县林业局、县卫计局、县应急办、县文体广电旅游局、县安监局、县食药监局、县新闻中心、县畜牧局、县气象局、县武警中队等有关部门组成。

10.3.2.2　县气象灾害应急指挥部及指挥部办公室职责

指挥部主要指挥全县气象灾害预防、预警、减灾和救灾工作，在发生全县性气象灾害时，负责组织、指挥、协调、督促相关职能部门做好防灾、减灾和救灾工作。其具体职责为：组织编制、实施气象灾害防御规划；组织制定、修订、实施气象灾害应急预案；决定气象灾害应急预案的启动和终止；加强气象灾害监测、预警系统建设；督促有关单位、部门按要求落实防治措施；指挥和协调有关部门、相关组织和个人共同做好气象灾害应急工作；决定气象灾害应急重大事项。

指挥部办公室主要职责为：承办指挥部日常工作，传达、落实指挥部决定，协调、处理和报告实施气象灾害应急预案的有关情况。

10.3.2.3　县气象灾害应急指挥部各成员单位职责

各成员单位总的职责为：建立相应的气象灾害应急工作流程和制度；贯彻落实指挥部的决定；做好职责范围内灾情收集上报工作；按照职责分工和管理权限，做好气象灾害应急的有关工作。

县人武部：负责按照《军队参加抢险救灾条例》的规定，组织、协调驻合江县部队、民兵预备役部队参加抢险救灾工作。

县委宣传部：负责引导社会舆论，指导、协调、督促相关部门做好抢险救灾的宣传报道工作。

县发改局：负责牵头制订灾后恢复与重建方案，争取国家灾后恢复重建项目资金，调控抢险救灾重要物资和灾区生活必需品价格。

县经商局：负责救援所需的电力、成品油、煤炭、天然气协调；负责协调救援物资的生产和调运；负责组织通信（电信、移动、联通分公司等）行业编制气象灾害应对预案，组织、协调基础通信运营企业对受损通信设施和线路开展抢修和恢复工作，保障救灾指挥系统和重要部门的通信畅通。

县教育局：负责指导、督促校园风险隐患排查；根据避险需要制定实施应急预案，确保在校师生安全。

县公安局：负责灾区的社会治安工作。

县民政局：负责气象灾害检查、核实、上报，组织、指导灾民转移安置；负责组织、协调倒塌房屋的恢复重建，组织、指导社会捐赠（款）。

县财政局：负责应急救灾资金的筹集、拨付、管理和监督。

县国土局：负责做好地质灾害防治工作的组织、协调、指导和监督工作，具体负责威胁群众生命财产安全的地质灾害的防治工作。

县环保局：负责环境污染的监测预警工作，减轻气象灾害对环境造成的污染和破坏等；指导灾区消除环境污染带来的危害。

县住建局：负责组织对灾区城镇中被破坏的燃气、市政设施进行抢排险，尽快恢复城市基础设施功能；组织受灾村镇恢复重建规划编制。

县交运局：负责督促和指导有关部门做好公路除雪、除冰防滑和大雾天气应对，配合公安交管部门做好交通疏导，尽快恢复道路交通；负责协调对被困车辆及人员提供必要的应急救援。

县水务局：负责组织、协调、指导全县防洪、抢险工作；对县内主要河流、水库实施调度，安排、指导灾区水利设施的修复；确保受灾地区的安全饮水。

县农业局：负责编制农业气象灾害应对预案；及时了解和掌握农作物受灾情况，组织专家对受灾农户给予技术指导和服务，指导农民开展生产自救。

县林业局：负责编制林业气象灾害应对预案；及时了解和掌握林业受灾情况，组织专家对受灾林木、林业设施进行评估，为林业恢复生产提供技术指导和服务。

县卫计局：负责组织灾区的医疗救治和卫生防疫工作。

县应急办：负责综合组织、协调应急救灾工作。

县文体广电旅游局：负责指导旅游系统编制气象灾害应急预案；协调有关部门实施对因灾害滞留灾区的游客的救援。

县安监局：负责组织、协调安全生产管理工作。

县食药监局：负责组织灾区所需医药用品的调配，及时对灾区食品药品进行安全检查。

县新闻中心：运用广播电视媒体及时播报气象灾害预警信息，做好抗灾救灾工作的宣传报道和气象灾害防灾减灾、自救互救相关知识宣传。

县畜牧局：及时提供畜牧灾害监测信息，组织、协调和指导灾后畜牧业生产自救。

县气象局：传达、落实指挥部的决定；为指挥部启动和终止气象灾害应急预案、组织气象防灾减灾提供决策依据和建议；负责灾害性天气、气候的监测，预报预测和警报的发布，并及时有效地提供气象服务信息；负责气象灾害信息的收集、分析、审核和上报工作；组织实施增雨、防雹等人工影响天气作业；协调处理和及时报告气象灾害应急预案实施中的有关问题；完成指挥部交办的其他工作。

县武警中队：参加抢险救灾、森林灭火和消防工作，做好灾区安全保卫和社会秩序维护等工作。

10.3.3 应急准备

10.3.3.1 资金准备

各级人民政府要做好应对气象灾害的资金保障，一旦发生气象灾害，要及时安排和拨付应急救灾资金，确保救灾工作顺利进行

10.3.3.2 物资储备

各职能部门要按照自身职能及行业要求制定气象灾害应急物资储备方案及物资储备管理制度。县、乡（镇）人民政府按照"分工协作、统一调配、有备无患"的要求做好气象灾害抢险应急物资的储备，完善调运机制。

10.3.3.3 应急队伍

各级人民政府要加强应急救援队伍的建设。乡镇人民政府应当确定应急队伍人员，组织专业培训，利用电子显示屏、网络、短信、大喇叭等积极开展气象灾害防御知识

宣传、应急联络、信息传递、灾情调查和灾害报告等工作。

10.3.3.4 预警准备

气象部门应建立和完善预警信息发布系统，与新闻媒体、电信运营企业等建立快速发布机制；新闻媒体、通信运营企业等要按有关要求及时播报和转发气象灾害预警信息。

各级人民政府和各部门收到气象灾害预警信息后，要密切关注天气变化及灾害发展趋势，各应急指挥部成员应立即上岗到位，组织力量深入分析、评估可能造成的影响和危害，尤其要针对气象灾害可能对本县、乡（镇）造成的风险隐患，预先开展预防和处置措施，落实抢险队伍和物资，确定紧急避难场所，做好启动应急响应的各项准备工作。

10.3.3.5 预警知识宣传教育

各级人民政府和相关部门应组织做好预警信息的宣传教育工作，普及防灾减灾与自救互救知识，增强社会公众的防灾减灾意识，提高自救、互救能力。

10.3.4 监测预警

10.3.4.1 监测预报

10.3.4.1.1 监测预报体系建设

各有关部门要按照职责分工加快气象、水文、地质监测预报系统建设，优化加密观测站网，完善国家与地方监测网络，提高对气象灾害及其次生、衍生灾害的综合监测能力。各有关部门要建立和完善气象灾害预测预报体系，加强对灾害性天气事件的分析会商，做好灾害性、关键性、转折性重大天气预报和趋势预测。

10.3.4.1.2　信息共享

气象部门及时发布气象灾害监测预报预警信息，并与公安、民政、环保、国土、交运、水务、农业、卫计、安监、林业、经商等相关部门和人武部、武警中队建立相应的气象及气象次生、衍生灾害监测预报预警联动机制，实现相关灾情、险情等信息的实时共享。

10.3.4.1.3　灾害普查

气象部门依托基层政府建立以社区、村镇为基础的气象灾害调查收集网络，组织开展气象灾害普查、风险评估和风险区划工作，编制气象灾害防御规划。

10.3.4.2　预警信息发布

10.3.4.2.1　发布制度

气象灾害预警信息发布遵循"归口管理、统一发布、快速传播"的原则。气象灾害预警信息由县气象局负责制作并按预警级别分级发布，其他任何组织、个人不得制作和向社会发布气象灾害预警信息。

10.3.4.2.2　发布内容

气象部门根据对各类气象灾害的发生情况及发展态势，确定预警级别。预警级别分为Ⅳ级（一般）、Ⅲ级（较大）、Ⅱ级（重大）、Ⅰ级（特别重大）。

气象灾害预警信息内容包括气象灾害的类别、预警级别、起始时间、可能影响范围、警示事项、应采取的措施和发布机构等。

10.3.4.2.3 发布途径

县人民政府应支持县气象局建立和完善气象灾害预警信息发布系统，并根据气象灾害防御的需要，在交通枢纽、公共场所等人口密集区域和气象灾害易发区域建立气象灾害预警信息接收和播发设施，气象部门应保证设施的正常运转。

广播、电视、报纸、通信、网络等媒介应当及时传播当地气象台站提供的气象灾害预警信息，及时增播、插播或者刊登更新的信息。

10.3.5 应急处置

10.3.5.1 信息报告

气象灾害发生后，各级政府及有关部门应按照突发公共事件信息报告的相关要求上报灾情，跟踪掌握灾情动态，续报受灾情况。

10.3.5.2 响应启动

当气象灾害达到预警标准时，县气象灾害应急指挥部办公室及时将预警信息以专报的形式发送到各成员单位，相关部门按照职责进入应急响应状态。

当同时发生两种以上气象灾害且需分别发布不同预警级别时，按照最高预警级别灾种启动应急响应。当同时发生两种以上气象灾害且均没有达到预警标准，但可能或已经造成损失和影响时，根据不同程度的损失和影响在综合评估基础上启动相应级别应急响应。

10.3.5.3 分部门响应

按气象灾害的发生程度和范围及其引发的次生、衍生灾害类别，各职能部门启动相应的专项应急预案。

10.3.5.4 分灾种响应

气象灾害应急响应启动后，各有关部门和单位要加强值班，密切监视灾情，针对不同气象灾害种类及其影响程度，采取相应的应急响应措施和行动。宣传部门加强对即将出现的气象灾害或气象次生、衍生灾害的宣传、通报，提醒公众加强预防。

10.3.5.4.1 干旱

气象部门及时发布干旱预警，适时加密监测预报；加强与相关部门的会商，评估干旱影响；适时组织人工影响天气作业。

农业、林业、畜牧部门指导农牧民、林业生产单位等采取管理和技术措施，减轻干旱影响；加强监测监控，做好森林火灾预防和扑救准备工作、森林病虫害预防和除治工作。

水务部门加强旱情、墒情监测分析，合理调度水源，确保安全饮水，组织实施抗旱减灾等方面的工作。

卫计、食药监部门采取措施，防范和应对旱灾导致的食品和饮用水卫生安全问题所引发的突发公共卫生事件。

民政部门采取应急措施，做好物资准备，并负责因旱缺水缺粮群众的临时生活救助。

环保部门加强监控，督查相关企业减少污染物排放；确保水环境特别是饮用水源的安全，防止污染事故的发生。

相关应急处置部门和抢险单位随时准备启动抢险应急方案。

10.3.5.4.2 暴雨

气象部门及时发布暴雨预警，加强与水务、国土资源等部门的会商，适时加密监测预报。

水务、防汛部门进入相应应急响应状态，及时启动相应预案；组织开展洪水调度、堤防水库工程巡护查险、防汛抢险工作，提出避险转移建议和指导意见。

国土资源部门进入相应应急响应状态，及时启动地质灾害应急预案；会同住建、水务、交运等部门查明地质灾害发生原因、影响范围等情况，提出应急治理措施，减轻和控制地质灾害灾情。

住建部门组织乡（镇）进行城镇危房排查，提出避险转移建议和指导意见。

民政部门负责受灾群众的紧急转移安置并提供临时生活救助。

教育部门根据预警信息，指导督促各类学校做好停课等应急准备。

公安、交运部门对受灾地区和救援通道实行交通引导或管制，加强船舶航行安全监管。

农业、林业部门针对农林业生产制定防御措施，指导抗灾救灾和灾后恢复生产。

经商部门组织、协调电力公司加强电力设施检查和电网运营监控，及时排除危险、排查故障。

相关应急处置部门和抢险单位随时准备启动抢险应急方案。

10.3.5.4.3 低温、冰冻

气象部门及时发布低温、冰冻等预警，适时加密监测预报。

公安部门加强交通秩序维护，疏导行驶车辆；必要时，关闭高速公路或易发生交通事故的县、乡（镇）结冰路段。

交运部门及时发布路况信息，提醒驾驶人员做好防冻和防滑措施；会同公安部门采取措施，保障道路通行安全。

住建、水务等部门指导供水系统落实防范措施。

卫计部门采取措施保障医疗卫生服务正常开展，并组织做好伤员医疗救治和卫生防疫工作。

民政部门负责受灾群众的紧急转移安置，并为受灾群众和车站、码头、公路等处滞留人员提供临时生活救助。

农业、水务、畜牧部门制定并指导实施农作物、水产养殖、畜牧业的防护措施。

林业部门组织对林木、种苗采取必要的防护措施，做好森林病虫害监测、预防和除治。

经商部门组织、协调电力公司加强电力调配、设备巡查养护；做好电力设施设备覆冰应急处置工作。

相关应急处置部门和抢险单位随时准备启动抢险应急方案。

10.3.5.4.4 寒潮、霜冻

气象部门及时发布寒潮、霜冻预警，适时加密监测预报，及时对寒潮、霜冻影响进行综合分析和评估。

民政部门采取防寒救助措施，加强御寒物资储备，针对贫困群众、流浪人员采取紧急防寒防冻措施。

农业、林业、畜牧部门指导果农、水产养殖户、林农、菜农和牧民采取防寒防冻措施。

卫计部门加强低温寒潮相关疾病防御知识宣传教育，并组织做好医疗救治工作。

交运部门及时发布路况信息，提醒驾驶人员做好防冻和防滑措施；会同公安部门采取措施，保障道路通行安全。

相关应急处置部门和抢险单位随时准备启动抢险应急方案。

10.3.5.4.5 大风

气象部门及时发布大风预警，适时加密监测预报。

住建、经商、交运等部门组织力量巡查、加固城市公

共基础设施，指导督促高空、水上、户外等作业人员采取防护措施。

教育部门根据预警信息，指导督促各类学校做好停课等应急准备工作。

农业、畜牧部门指导农业生产单位、农户、水产、畜牧养殖户采取防风措施。

林业部门密切关注大风等高火险天气情况，指导开展森林火灾的预防和处置工作。

环保部门做好环境监测，在污染事件发生时，采取有效措施减轻污染危害。

经商部门组织、协调电力公司加强电力设施检查和电网运营监控，及时排除危险、排查故障。

各单位加强本责任区内检查，尽量避免或停止露天集体活动；各乡（镇）、村、居委会、物业等部门应及时通知居民妥善放置易受大风影响的室外物品。

相关应急处置部门和抢险单位随时准备启动抢险应急方案。

10.3.5.4.6　高温

气象部门及时发布高温预警，适时加密监测预报，及时对高温影响进行综合分析和评估。

经商部门组织、协调电力公司加强电力调配，保障居民和重要电力用户用电；加强设备巡查、养护，及时排查故障。

住建、水务等部门协调做好用水安排，保障群众生活生产用水；指导户外和高温作业人员做好防暑工作，必要时调整作息时间，或采取停止作业措施。

卫计部门采取措施应对可能出现的高温中暑事件。

农业、水务、林业、畜牧部门指导果农、水产养殖户、林农、菜农和牧民采取高温预防措施。林业、农业部门指导在高火险天气情况下森林火灾的预防和处置工作。

相关应急处置部门和抢险单位随时准备启动抢险应急方案。

10.3.5.4.7 大雾、霾

气象部门及时发布大雾和霾预警，适时加密监测预报，及时对大雾、霾的影响进行综合分析和评估。

经商部门组织、协调电力公司加强电网运营监控，采取措施消除和减轻设备污闪故障。

公安部门加强对车辆的指挥和疏导，维持道路交通秩序。

交运部门及时发布路况和航道信息，加强道路和水上运输安全监管。

相关应急处置部门和抢险单位随时准备启动抢险应急方案。

10.3.5.5 现场处置

气象灾害现场应急处置由灾害发生地县、乡（镇）人民政府或相应应急指挥机构统一组织，各部门依职责参与应急处置工作。应急处置工作包括组织营救、伤员救治、避险转移安置，及时上报灾情和人员伤亡情况，分配救援任务，协调各级各类救援队伍的行动，查明并及时组织力量消除或规避次生、衍生灾害，组织公共设施的抢修和援助物资的接收与分配。

10.3.5.6 社会力量动员与参与

气象灾害事发地的各级人民政府或应急指挥机构可根据气象灾害事件的性质、危害程度和范围，广泛调动社会力量积极参与气象灾害突发事件的处置，紧急情况下可依法征用、调用车辆、物资、人员等。

气象灾害事件发生后，灾区人民政府或相应应急指挥机构应组织各方面力量抢救人员，组织基层单位和人员开展自救和互救；邻近的乡镇人民政府在县指挥部统一调派下根据灾情组织和动员社会力量，对灾区提供救助。

鼓励自然人、法人或者其他组织（包括国际组织）按照《中华人民共和国公益事业捐赠法》等有关法律法规的规定进行捐赠和援助。民政、审计、监察部门对捐赠资金与物资的使用情况进行督促管理、审计和监督。

10.3.5.7 信息公布

气象灾害的信息公布应当及时、准确、客观、全面，灾情由民政部门为主收集并报经县主要领导审批后统一公布。

信息公布形式主要包括权威发布、提供新闻稿、组织报道、接受记者采访、举行新闻发布会等。

信息公布内容主要包括气象灾害种类及其次生、衍生灾害的监测和预警，因灾伤亡人员、经济损失、救援情况等。

10.3.5.8　应急终止或解除

气象灾害得到有效处置后，经评估，短期内灾害影响不再扩大或已减轻，气象部门发布灾害预警降低或解除信息，经县气象灾害应急指挥部同意，启动应急响应的机构或部门降低应急响应级别或终止响应。

10.3.6　恢复与重建

10.3.6.1　制定规划和组织实施

县人民政府组织有关部门配合受灾地乡（镇）人民政府制订恢复重建计划，尽快组织修复被破坏的学校、医院等公益设施及交通运输、水利、电力、通信、供排水、供气、输油、广播电视等基础设施，使受灾地区早日恢复正常的生产生活秩序。发生特别重大灾害，超出事发地人民政府恢复重建能力的，为支持和帮助受灾地区积极开展生产自救、重建家园，县人民政府制定恢复重建规划，并且出台相关扶持优惠政策，组织财政等相关部门积极争取上级的资金支持；同时，建立部门与乡（镇）、村、社区之间，乡（镇）与乡（镇）之间的对口支援机制，为受灾地区提供人力、物力、财力等各种形式的支援。积极鼓励和引导社会各方面力量参与灾后恢复重建工作。

10.3.6.2 调查评估

灾害发生地人民政府或应急指挥机构应当组织有关部门对气象灾害造成的损失及气象灾害的起因、性质、影响等问题进行调查、评估与总结，分析气象灾害应对处置工作经验教训，提出改进措施。灾情核定由民政部门会同有关部门开展。灾害结束后，灾害发生地人民政府或应急指挥机构应将调查评估结果与应急工作情况报送上级人民政府。

10.3.6.3 征用补偿

气象灾害应急工作结束后，各级人民政府应及时归还因救灾需要临时征用的房屋、运输工具、通信设备等；造成损坏或无法归还的，应按有关规定采取适当方式给予补偿或做其他处理。

10.3.6.4 灾害保险

鼓励公民积极参加气象灾害事故保险。保险机构应当根据灾情，主动办理受灾人员和财产的保险理赔事项。保险监管机构依法做好灾区有关保险理赔和给付的监管。

10.3.7 预案管理

第一，本预案是县政府指导应对气象灾害的专项预案，根据实际需要进行修订和完善。

第二，各乡镇人民政府应制定本行政区域内的应对气象灾害专项预案，并报县人民政府备案。

第三，有关部门、企事业单位和社区、村应当制订应对气象灾害工作方案。

第四，本预案由县气象局负责解释。

第五，本预案自发布之日起实施。

10.3.8　附则

10.3.8.1　奖励

第一，各级政府对有效监测预警、预防和应对、组织指挥、抢险救灾工作中做出突出贡献的单位和个人，按照有关规定给予表彰和奖励。

第二，对因参与气象灾害抢险救援工作中致病、致残、死亡的人员，按照国家有关规定，给予相应的补助和抚恤。

10.3.8.2　责任追究

对不按法定程序履行工作职责、不按规定及时发布预警信息、不及时采取有效应对措施，造成人员伤亡和重大经济损失的单位和有关责任人，依照有关法律法规的规定，给予通报批评和行政处分。对因失职、渎职造成重大损失的，将依法对其主要责任人、负有责任的主管人员和其他责任人员追究相应的法律责任。

10.3.8.3　预案的评审和修订

县气象部门应当结合国家社会经济发展状况及相关法律法规的制定、修改和完善，适时对本预案进行周期性评审与修订，并报县政府批准后发布。

10.3.8.4　气象灾害预警标准

10.3.8.4.1　干旱

橙色预警（Ⅱ级）：合江县 12 个以上乡镇达到气象干旱重旱等级，并且至少 8 个乡镇部分地区出现气象干旱特旱等级，影响特别严重，预计干旱天气或干旱范围将进一步发展。

黄色预警（Ⅲ级）：合江县 8 个乡镇大部地区达到气象干旱重旱等级，并且至少 4 个乡镇分地区出现气象干旱特旱等级，影响严重，预计干旱天气或干旱范围将进一步发展。

蓝色预警（Ⅳ级）：合江县 4 个乡镇大部地区达到气象干旱重旱等级，预计干旱天气或干旱范围将进一步发展。

10.3.8.4.2　暴雨

红色预警（Ⅰ级）：过去 48 小时合江县 12 个以上乡镇连续出现日雨量达 100 毫米以上降雨，影响特别严重，并且预计未来 24 小时上述地区仍将出现 100 毫米以上降雨。

橙色预警（Ⅱ级）：过去 48 小时 8 个以上乡镇连续出现日雨量达 100 毫米以上降雨，影响严重，并且预计未来 24 小时上述地区仍将出现 50 毫米以上降雨；或者预计未来 24 小时 4 个及以上乡镇将出现 150 毫米以上降雨。

黄色预警（Ⅲ级）：过去 24 小时合江县 8 个及以上乡镇出现 50 毫米以上降雨，并且预计未来 24 小时上述地区仍将出现 50 毫米以上降雨；或者预计未来 24 小时有 4 个及以上乡镇将出现 100 毫米以上降雨。

蓝色预警（Ⅳ级）：预计未来 24 小时合江县 4 个及以上乡镇将出现 50 毫米以上降雨。

10.3.8.4.3　寒潮

橙色预警（Ⅱ级）：预计未来 48 小时内合江县 16 个及以上乡镇日平均气温下降 8℃以上，并且日平均气温降至 4℃以下。

黄色预警（Ⅲ级）：预计未来 48 小时内合江县 12 个及以上乡镇日平均气温下降 6℃以上，并且日平均气温降至 4℃以下。

蓝色预警（Ⅳ级）：预计未来 48 小时内合江县 8 个及以上乡镇日平均气温下降 6℃以上，并且日平均气温降至 4℃以下。

10.3.8.4.4　大风

橙色预警（Ⅱ级）：预计未来 48 小时内合江县将出现 8 级及以上大风天气。

黄色预警（Ⅲ级）：预计未来 48 小时内合江县将出现 8 级大风天气。

10.3.8.4.5　低温

黄色预警（Ⅲ级）：过去 72 小时合江县出现日平均气温较常年同期偏低 5℃以上的持续低温天气，预计未来 48 小时日平均气温持续偏低 5℃以上（11 月至次年 3 月）。

蓝色预警（Ⅳ级）：过去 24 小时合江县出现日平均气

温较常年同期偏低 5℃以上的低温天气，预计未来 48 小时日平均气温持续偏低 5℃以上（11 月至次年 3 月）。

10.3.8.4.6 高温

橙色预警（Ⅱ级）：过去 48 小时合江县 16 个及以上乡镇持续出现最高气温达 38℃及以上高温天气，其中有 8 个及以上乡镇达 40℃及以上高温天气，并且预计未来 48 小时上述地区高温天气仍将持续出现。

黄色预警（Ⅲ级）：过去 48 小时合江县 12 个及以上乡镇持续出现最高气温达 38℃及以上高温天气，并且预计未来 48 小时上述地区高温天气仍将持续出现。

蓝色预警（Ⅳ级）：预计未来 48 小时合江县 12 个及以上乡镇大部地区将持续出现最高气温达 38℃及以上高温天气，或者已经出现并可能持续。

10.3.8.4.7 霜冻

蓝色预警（Ⅳ级）：预计未来 24 小时合江县将出现霜冻天气（12 月至次年 2 月）。

10.3.8.4.8 冰冻

橙色预警（Ⅱ级）：合江县东南部乡镇日平均气温已持续 5~10 天在 3℃或以下并伴有雨雪天气，未来 3~5 天低温雨雪天气仍将继续维持，并可能造成特别严重影响。

黄色预警（Ⅲ级）：合江县东南部乡镇日平均气温已降至 4℃或以下并伴有雨雪天气，未来 3~5 天低温雨雪天气仍将继续维持，并可能造成严重影响。

10.3.8.4.9　大雾

黄色预警（Ⅲ级）：预计未来 24 小时合江县将出现能见度小于 200 米的雾，或者已经出现并可能持续。

蓝色预警（Ⅳ级）：预计未来 24 小时合江县大部地区将出现能见度小于 500 米的雾，或者已经出现并可能持续。

10.3.8.4.10　霾

蓝色预警（Ⅳ级）：预计未来 24 小时合江县大部地方将出现能见度小于 2 000 米的霾，或者已经出现并可能持续。

10.3.8.5　各类气象灾害预警分级统计表

各类气象灾害预警分级统计表如表 10.1 所示。

表 10.1　　　　气象灾害预警分级统计表

分级\灾种	干旱	暴雨	寒潮	大风	低温	高温	霜冻	冰冻	大雾	霾
Ⅰ		√								
Ⅱ	√	√	√	√		√		√		
Ⅲ	√	√	√		√	√		√	√	
Ⅳ	√	√	√			√	√		√	√

10.4　气象灾害调查评估制度

为了及时、准确、主动地为政府提供气象灾害信息，根据《气象灾情收集上报调查和评估试行规定》的文件精神，制定气象灾害调整评估制度。

气象灾害是指由气象因素直接或间接引起的，给人类和社会经济造成损失的灾害现象。气象灾害包括台风、暴雨洪涝、干旱、大风、冰雹、雷电、雪灾、低温冷害、冻害、沙尘暴、高温热浪、大雾、连阴雨、干热风、凌汛、地质灾害、风暴潮、寒潮、森林草原火灾、大气污染及其他共21类。气象灾情的收集和上报中灾害类别必须严格按照上述21类进行填写，不得随意增加其他灾害类别。

10.4.1　气象灾害的调查

气象灾情上报内容包括气象灾害基本情况以及气象灾害的社会经济影响等16类，共96项，各项的字段属性、单位及说明等详见《全国气象灾情收集上报技术规范》。

基本信息：记录编号、省（自治区、直辖市）、市（地、州）、县（区、市）、县编码、灾害发生地名称、灾害类别、应归属的常见灾害名称、伴随灾害、灾害开始日期、灾害结束日期、气象要素实况、灾害影响描述。

社会影响：受灾人口、死亡人口、失踪人口、受伤人口、被困人口、饮水困难人口、转移安置人口、倒塌房屋、损坏房屋、引发的疾病名称、发病人口、停课学校、直接经济损失、其他社会影响。

农业影响：受灾农作物名称、农作物受灾面积、农作物成灾面积、农作物绝收面积、损失粮食、损坏大棚、农业经济损失、农业其他影响。

畜牧业影响：影响牧草名称、牧草受灾面积、死亡大牲畜、死亡家禽、饮水困难牲畜、畜牧业经济损失、畜牧业其他影响。

水利影响：水毁大型水库、水毁中型水库、水毁小型水库、水毁塘坝、水毁沟渠长度、堤坝决口情况、水情信息、水利经济损失、水利其他影响。

工业影响：停产工厂、工业设备损失、工业经济损失、工业其他影响。

林业影响：林木损失、林业受灾面积、林业经济损失、林业其他影响。

渔业影响：捕捞船只翻（沉）数量、捕捞船只翻（沉）总吨位、渔业影响面积、渔业经济损失、渔业其他影响。

交通影响：飞机航班延误架次、交通工具（汽车火车）停运时间、交通工具（飞机汽车等）损毁、铁路损坏长度、公路损坏长度、水上运输翻（沉）船只数量、滞留旅客数、道路堵塞、交通经济损失、交通其他影响。

电力影响：电力倒杆数、电力倒塔数、电力断线长度、电力中断时间、电力经济损失，电力其他影响。

通信影响：通信中断时间、通信经济损失，通信其他影响。

商业影响：停业商店数、商业经济损失、商业其他影响。

基础设施影响：损坏桥梁涵洞、基础设施经济损失、基础设施其他影响。

其他行业影响：灾害对除前面所列所有行业之外的其他行业的影响。

图像视频信息：图片文件及其信息说明、视频文件及其信息说明。

说明：数据来源、备注。

10.4.2　气象灾情收集、整理和上报

值班员应及时从应急办、民政局等有关部门获取灾情及影响数据，灾情数据来源应确保合法可靠。

灾情直报：当发生涉及的气象灾害时，气象台应当在灾害发生的 2 小时内及时进行灾情数据收集和初报；按照上报终端内容、格式、单位认真填写灾情；灾情填写后应由带班领导审核批准；在灾情发生 6 小时内，通过气象灾害管

理系统上报重要灾情；对于需要更新或者修订的数据应在 12~24 小时内及时更正并经过确认审核后上报。

灾情月报、年报：气象台应于次月 2 日前在气象灾害管理系统上报当月灾情月报，若当月无灾，须进行无灾上报；灾情年报应于次年 1 月 2 日以前完成。

对于跨月发生的灾害性天气过程，上报上月灾情月报时只填写当月的灾情，灾害的结束日期填写当月最后一天的日期，但在下一个月上报时应按完整的灾害过程上报。在最后的灾情年报上报时应注意整理这种跨月的灾情记录，避免灾情数据的重复。

10.4.3　气象灾害的评估

县气象局应当开展气象灾害的灾前预评估、灾中评估和灾后评估工作。

灾前预评估：气象灾害出现之前，依据灾害的风险区划和气象灾害预报，对将受影响的区域和灾害等级做出可能影响的评估，是政府启动防御方案的重要依据。预评估应当包括气象灾害强度、可能影响的区域、行业和强度不同风险区应当采取的对策等。

灾中评估：对于一些影响时间比较长的气象灾害，如干旱、暴雨、洪涝等，应当滚动进行灾中评估。灾中评估可以应用雷达、卫星、自动气象站等先进技术，跟踪气象灾害的发展，快速反映灾情实况。灾中评估可以预估已造成的灾害损失和扩大损失，同时对减灾效益进行预估。灾中评估应开展气象灾害实地调查，及时与民政、水利、农业、林业等部门交换并核对灾情信息，并将灾情信息按照灾情直报的规程报告上级气象主管机构和同级人民政府。

灾后评估：灾后对灾害情况和成因、灾害对社会经济发展的影响以及气象灾害监测预警、应急处置和减灾效益做出全面评估，编制气象灾害评估报告，为政府及时安排救灾物资、划拨救灾经费、科学规划和设计灾后重建工程等提供依据。灾后评估在对当前灾情充分调查研究并与历史灾情进行对比的基础上，针对灾害发生的规律、变化、特点，不断修正和完善气象灾害的风险区划、应急预案和防御措施，为防灾减灾工作做出更好的指导。

气象灾害评估分级处置标准，按照人员伤亡、经济损失的大小，分为4个等级：

特大型：因灾死亡100人（含）以上或者伤亡总数300人（含）以上，或者直接经济损失10亿元（含）以上的。

大型：因灾死亡30人（含）以上100人以下，或者伤亡总数100人（含）以上300人以下，或者直接经济损失1亿元（含）以上10亿元以下的。

中型：因灾死亡3人（含）以上30人以下，或者伤亡总数30人（含）以上100人以下，或者直接经济损失1000万元（含）以上1亿元以下的。

小型：因灾死亡1人（含）到3人，或者伤亡总数10

人（含）以上 30 人以下，或者直接经济损失 100 万元
（含）以上 1 000 万元以下的。

10.5 气象灾害防御的教育与培训

10.5.1 气象科普宣传教育

广泛开展中小学气象科普实践教育活动，让气象科普
活动常进校园。积极推进合江县气象科普示范基地创建，
动员基层力量开展广泛的气象科普工作。县、乡镇、村
（社区）要制订气象科普工作长远计划和年度实施方案，并
按方案组织实施，把气象科普工作纳入经济和社会发展总
体规划。各级领导班子要重视气象科普工作，乡镇（街
道）、村（社区）要有科普工作分管领导，并要有专人负责
日常气象科普工作。科普示范乡建有由气象协理员、气象
信息员、气象服务站责任人等组成的气象科普队伍，经常
向群众宣传气象科普知识，每年结合农时季节，组织不少
于两次面向村民的气象科普培训或科普宣传活动。

10.5.2 气象灾害防御培训

实施气象灾害防御培训工程，广泛开展全社会气象灾

害防御知识的宣传，增强人民群众的气象灾害防御能力。加强对全社会的气象灾害防御知识的宣传，加强对农民、中小学生等防灾减灾知识和防灾技能的宣传教育，提高全社会灾害防御意识和正确使用气象信息及自救互救能力。

把气象防灾减灾知识纳入气象协理员和气象信息员队伍的培训体系。气象协理员和气象信息员是气象部门的"耳目"，肩负着协助气象部门管理本辖区内的气象信息传播、气象灾害防御、气象灾害和灾情调查报告、气象基础设施维护等工作。对气象协理员和气象信息员队伍进行系统和专业的培训是十分必要的。把气象防灾减灾知识学习纳入气象协理员和气象信息员队伍培训体系，可以很好地利用现有社会资源，在节省大量的人力、物力的同时，尽可能地使培训常态化、规模化、系统化，为气象科普队伍的健康发展奠定坚实的基础。

11 加强合江县应对气象灾害的服务能力建设

11.1 合江县气象监测预警系统建设

11.1.1 天气气候监测网

为满足合江县中小尺度灾害性天气系统监测和服务社会经济发展的需求，在充分评估现有气象观测能力的基础上，统筹设计全县气象观测系统的规模和布局，积极争取气象观测设施建设纳入城乡整体发展规划，对合江县现有地面气象观测站进行站网优化，在资料稀疏区、灾害多发区、天气关键区和服务重点区等地方建设无人自动气象站，建设气象信息采集处理中心。通过与上级气象部门信息采集处理中心的联机，可以将合江县境内实时的地面气象观测、自动气象站、雷达、卫星、闪电定位等探测资料不断累积存储到数据库中，为气象服务提供丰富的数据源，同时将收集处理的信息与其他部门共享，实现效益的最大化。

在合江县重点布设 2 套农田小气候站，1 套六要素区域自动气象站，13 套四要素区域自动气象站，7 套两要素区域自动气象站，15 套单雨量山洪区域自动气象站，布设 2 套自动土壤水分观测仪，连续自动地探测 10 厘米、20 厘米、30 厘米、40 厘米、50 厘米、60 厘米、80 厘米、100 厘米等 8 个层次深度的土壤水分，通过现行的通信方式完整地收集全部观测资料和信息上传的方式，实现对全县自然环境下的土壤水分的动态监测。通过对土壤水分进行自动监测，实现对监测区内不同层次土壤水分的连续、实时观测，能够对合江县粮食主产区的旱涝情况进行及时的监测，以实现对粮食主产地和降水系统的精度捕捉、保障农业气象预报和人工影响天气效果检验的需要，与已建的 1 个常规自动气象站和 36 个区域自动气象站构成基本覆盖全县的农业气象防灾减灾工程农区气象灾害监测网，从而为农业气象预报、情报及人工影响天气作业提供科学依据。

11.1.2　预报预警系统

气象灾害预报预警作为应急响应体系的重要组成部分，

必须做到预报准确、及时发布，才能切实增强合江县灾害应急处理能力，进而显著提高政府防灾减灾决策措施的社会效益。为了更好地提升合江县气象建设的现代化程度，应该从合江县气象防灾减灾需求出发，提高短时、短期预报的准确度，逐步推进合江县气象预报预警系统的建设。此举将极大地提升气象部门的业务技术水平和社会服务功效。

11.1.2.1 精细化预报产品的制作

引进并完善现有的上级部门下发的数值预报产品，建立起一个适合合江地区的中小尺度气象精细预报业务系统，实现资料分析同化、中小尺度数值预报、数值产品释用和图形处理等功能，并充分利用、结合现有天气雷达的实时探测数据，制作高精度的中小尺度区域气象服务产品。该系统建成以后可以有效地提高合江县天气预报的时间分辨率、空间分辨率和准确率，为合江县政府决策部门和公众提供更加准确、精细的气象预报产品与更加个性化的气象服务，以满足现代化社会日益增长的气象专业服务需求。

11.1.2.2 气象灾害评估业务系统

在实现精细化预报产品制作的基础上，利用暴雨、干旱、霜冻等灾害评估的相关方法与技术，结合合江县实际情况，建立科学合理、切实可行的灾害天气对农业建设的破坏性分析预测、灾害天气对农村合作社及各类公益设施的破坏性分析预测等。

建立县级防灾减灾预警信息发布中心：对农业生产造成危害的冰雹、霜冻、大风、局地暴雨、低温冷害、霜冻、干旱等气象灾害进行监测和预警。

建立县级暴雨洪涝预测预警系统：直接对全县粮食生产期的强对流天气进行临近预报和预警服务，结合 SWAN 软件，提升短时临近预报能力。暴雨洪涝预测预警系统是将自动气象站和气象、水文加密自动雨量站等观测信息以及天气雷达和气象卫星反演的降水信息输入到暴雨预测预警子系统，结合高时空分辨率的数值模式产品进行自动判别和预报，在人机交互基础上制作出的准确及时的暴雨预报产品。

建立县级冰雹、大风等强对流天气预测预警系统：其主要研究对象是冰雹、暴雨、雷雨、大风等强对流灾害性天气，主要解决的问题是对这些强对流天气做出提前预警，建立强对流天气的监测系统与预报方法和预报模型，对强对流天气落区和移动方向进行预测，对强对流天气灾害提前发出预警，并用于判断强降水、冰雹等灾害性天气过程的发生及演变，及时发布预警信息。

建立县级预报产品信息制作、发布系统：预报产品收集子系统软件、信息处理子系统软件、信息管理子系统软件、数据管理子系统软件、信息传输系统软件、信息监控系统软件。预报产品信息制作、发布系统包括收集短时临近预报业务系统、短期精细化预报系统、中期天气预报系统和延伸期预报业务系统各种预报产品和服务产品，按服务需求统一传输到相应的农业生产决策气象信息系统，并统一对外发布。

11.1.3　专业气象监测预警

农业：着力加强重大农业气象灾害的预报与预警。开展不同时效的重大农业气象灾害发生时间、影响范围、危害程度等预测预报，并及时发布重大农业气象灾害预测预报产品。健全农业气象灾害预警发布机制，根据预警标准，及时发布农业气象灾害预警信息。配备农业气象观测设备，开展干旱、暴雨、霜冻等主要农业气象灾害的应急调查及农作物长势、种植面积、播种或收获进度、土地利用动态等观测，提高农业气象观测及应急服务能力。

交通：与交通部门共同探索形成建设交通气象观测系统的合作模式，并将其逐步纳入各类交通设施建设的总体规划和工程项目中，建立设施共建、资料共享的规范化机制。建立高速公路气象观测系统，实现大雾、大风、暴雨、高温等主要影响交通安全的气象灾害观测，有针对性地增加高速路面温度、道路结冰等的观测。

电力：依托现有气象观测站网，在高温、高湿、大风、暴雨、雨雪冰冻、雷电等气象灾害易发区补充建设气象观测站，重点加强影响电网安全的输电线覆冰和雷电等灾害天气的观测。

11.1.4　监测预警设施建设

气象部门与交通部门合作，在高速公路、国道等交通干线附近，进行能见度自动监测网加密建设，为交通安全提供更多服务。

建立覆盖全县范围的闪电定位监测网，对雷电现象进行更好地跟踪和预警。

建设城乡生态监测网，开展对土壤湿度、大气温湿度等监测。

加密建设常规自动气象站和多要素气象站，以适应防灾减灾和气候可行性论证等需要。

通过以上设施建设，基本建立观测内容较齐全、密度适宜、布局合理、自动化程度高的现代气象综合监测网，可满足今后一段时期气象灾害防御与现代气象业务服务的发展需要。

11.2　预警信息发布

为确保灾害性天气监测预警信息能及时传送到有关台站和用户，逐步推进及时、精确、多手段的信息处理与发布平台的建设，通过广播电视、移动通信、网络等现代化手段将灾害性天气警报和预报信息及时向社会发布，能增强社会公众抗灾能力，保障人民公众生命和财产安全。

11.2.1 发布制度

气象灾害预警信息发布遵循"归口管理、统一发布、快速传播"原则。气象灾害预警信息由气象部门负责制作并按预警级别分级发布，其他任何组织、个人不得制作和向社会发布气象灾害预警信息。

11.2.2 发布内容

气象部门根据各类气象灾害的发展态势，综合评估分析，确定预警级别，发布预警信号；发布中短期重要天气预报、气象信息快报等气象信息。内容包括：气象灾害的类别、预警级别、起始时间、可能影响范围、警示事项、应采取的措施和发布单位等。预警信号分别为一般（Ⅳ级）、较重（Ⅲ级）、严重（Ⅱ级）和特别严重（Ⅰ级），分别以蓝、黄、橙、红四种颜色标注，Ⅰ级（红色）为最高级别。

11.2.3 多种灾害预警与发布途径

当同时发生两种以上气象灾害且分别达到不同预警级别时，按照各自预警级别分别预警。当同时发生两种以上气象灾害，并且均没有达到预警标准，但可能或已经造成一定影响时，视情况进行预警。

通过信息共享平台、广播、电视、互联网、报刊、手机短信、电子显示屏等媒体及一切可能的传播手段及时向社会公众和相关部门发布气象灾害预警信息。

12 合江居民如何获取 气象服务应对气象灾害

12.1 气象灾害预警信号的识别、使用和获得

12.1.1 气象灾害预警信号的识别和使用

预警信号按照气象灾害可能造成的危害程度、紧急程度和发展态势一般分为四级，依次用蓝色、黄色、橙色和红色分别表示将有一般、较重、严重和特别严重的气象灾害事件发生，并以中英文加以标识。

12.1.1.1　Ⅳ级（蓝色）

预计将要发生一般（Ⅳ级）以上突发气象灾害事件，事件即将临近，事态可能会扩大。当出现这类预警信号时，

开始做防灾准备。

12.1.1.2 Ⅲ级（黄色）

预计将要发生较重（Ⅲ级）以上突发气象灾害事件，事件已经临近，事态有扩大的趋势。当出现这类预警信号时，积极落实防灾措施。

12.1.1.3 Ⅱ级（橙色）

预计将要发生严重（Ⅱ级）以上突发气象灾害事件，事件即将发生，事态正在逐步扩大。当出现这类预警信号时，认真做好应急抢险预案启动准备。

12.1.1.4 Ⅰ级（红色）

预计将要发生特别严重（Ⅰ级）以上突发气象灾害事件，事件会随时发生，事态正在不断蔓延。当出现这类预警信号时，随时准备启动应急抢险预案。

12.1.2 气象灾害预警信号的获得

第一，拨打电话向合江县气象局咨询（5218400）。

第二，通过"合江气象"微信公众号、"合江气象"手机应用程序、手机短信、新闻媒体等手段获得预警信息。

第三，登陆气象网站，如 www.cma.gov.cn、www.weather.com.cn 等专业气象网站。

12.2 灾前准备

灾前准备是指根据气象灾害的前兆，气象部门做出气象灾害的预报预警，相关部门有针对性地制定防灾对策，落实防灾措施。灾前准备包括增强人们防灾意识和软硬件工程建设的长期性工作，其具体如下四个方面：

12.2.1 增强防灾心理素质

第一，面对灾害，不必过于紧张、惊恐、恐惧，要镇静。

第二，尽量放松自己，要避免所有的行为活动和话题都围绕灾害。

第三，不要对自己、家庭和外来救助失去信心。

第四，注意个人行为、言语的社会效应。

12.2.2 做好防灾物品准备

建议家庭必备下列防灾物品：清洁水、食品、常用药物、雨伞、手电筒、御寒用品和其他生活必需品、收音机、手机、绳索、适量现金。如有婴幼儿，需要准备奶粉、奶瓶、尿布等婴幼儿用品。如有老人，需要为老人准备拐杖、特需药品等。灾前还要选好避灾的安全场所。

12.2.3 重视防灾日常演习

第一，组织大众学习自救和互救知识。

第二，指导大众通过正规渠道获取预警信息，不可相信谣传。

第三，指导大众注意观察周围环境的变化，及时报告发现的异常现象。

第四，指导大众不要忘记及时切断可能导致次生灾害的电、煤气、水等灾源。

第五，与相关部门配合，制定气象灾害应急避险预案，组织防灾演习。

12.2.4 学习求救信号发出方法

在没有电话或其他通信设备的情况下，可以利用下面的方法及时发出易被察觉的求救信号，特别是在外出旅游时。

第一，光信号：白天用镜子借助阳光，向着求救方向，如向空中的救援飞机，反射间断的光信号；夜晚用手电筒，向求救方向不间断地发射求救信号。

第二，声响信号：采取大声喊叫、吹响哨子或猛击脸盆等方法，向周围发出声响求救信号。

第三，"SOS"字母信号：在山坡上用石头、树枝或衣服等物品堆砌成"SOS"或其他求救字样，字母越大越好。

第四，烟火信号：在白天，可燃烧潮湿的植物，形成浓烟；在夜间，可燃烧干柴，发出火焰求救信号。

第五，颜色信号：穿着颜色鲜艳的衣服，戴一顶颜色鲜艳的帽子；或者摇动色彩鲜艳的物品，如彩旗、用色彩鲜艳的布包裹的棒子等，向周围发出求救信号。

12.3　灾害应急避险

暴雨、暴雪、大风、高温、雷电、雾、霾、道路结冰、山区旅游灾害应急避险是指在灾害发生时根据抗灾决策和措施及时采取抗灾行动。本部分给出的是公众在气象灾害发生期间采取的应急避险措施。

12.3.1　暴雨洪涝

我国气象部门规定，24 小时降雨量为 50 毫米以上的雨叫暴雨。暴雨来临时，往往乌云密布、电闪雷鸣、狂风大作。

避险要点：

第一，如果是危旧房屋或住宅处于低洼地势的居民，应及时向高处安全地方转移，切记不可攀爬带电的电线杆、铁塔，也不要爬到泥坯房的屋顶。

第二，关闭煤气阀和电源总开关。

第三，收拾家中贵重物品放到楼上或置于高处。

第四，暂停户外活动，户外人员应立即到安全地方暂避。

第五，全县各级各类学校、幼儿园应对在校、在园的师生采取专门的保护措施；其他处于危险地带的单位应停课、停业，立即转移到安全的地方避险。

第六，被洪水包围时，尽快与当地政府防汛部门取得联系，积极寻求救援。

第七，洪水过后，要做好各项卫生防疫工作，预防疫病的流行。

特别提示：

第一，密切注意夜间的暴雨，提防危旧房屋倒塌伤人。

第二，驾车出行应远离路灯、高压线、围墙等危险处，绕开涵洞、桥下等地势低洼处；保持视线清晰，减速缓行，打开前照灯、防雾灯和汽车轮廓灯，提醒其他车辆注意。

第三，不要在下大雨时骑自行车，过马路要小心，留心积水深浅。

第四，雨天汽车在低洼处抛锚，千万不要在车上等候，应立即离开车辆，到高处等待救援。

12.3.2 寒潮

寒潮是指冬春季节，北方寒冷空气猛烈南下时急剧降温的天气现象，常伴有大风、雨或雪。

避险要点：

第一，注意防寒保暖。

第二，关好门窗，固定紧室外搭建物。

第三，外出当心路滑跌倒。

特别提示：

第一，老、弱、病、幼人群尽量不要外出。

第二，提防煤气中毒，尤其是采用煤炉取暖的家庭更要提防。

12.3.3 大风

当风力达 6 级或以上时的风称为大风，它能拔倒大树、折断电杆、倒房翻车、助长火灾等。

避险要点：

第一，关好门窗，加固围板、棚架等临时搭建物，妥善安置易被大风影响的室外物品。

第二，外出尽量不骑车，远离施工工地、高大建筑物、广告牌、大树和水边。

第三，机动车和非机动车驾驶员应减速慢行。

第四，高空、水上等户外作业人员应停止作业。

第五，暂停户外活动或室内大型集会。

特别提示：

第一，老、弱、病、幼切勿在大风天气外出。

第二，停放车辆要远离大树、广告牌等。

12.3.4 高温

高温是指日最高气温达 35℃以上的天气现象，达到或超过 37℃以上时称酷暑。

避险要点：

第一，高温时段尽量避免或减少户外活动，若外出，应采取防护措施，如涂抹防晒霜、打遮阳伞、穿浅色衣等，不要长时间在太阳下曝晒。

第二，户外作业人员应注意采取避暑、遮阴措施，合理安排时间，尽量避开高温时段工作，并备好防暑饮品和药品。

第三，如发生中暑，应立即将病人抬至阴凉通风处或及时送医院进行救治。

第四，饮食宜清淡，多喝凉茶、淡盐水、绿豆汤等防暑饮品。

第五，注意休息，保证睡眠，年老体弱者应减少活动，不要过分纳凉，但居室要通风，家中常备防暑降温药品。

第六，要特别注意防火。

特别提示：

第一，大汗淋漓时，不宜立即用冷水冲澡，应先擦干汗水，稍作休息后再用温水洗浴。

第二，电扇不能直接对着头部或身体的某一部位长时间吹。

第三，空调温度不宜过低，以防止受寒或引发"空调病"。

12.3.5　雷电

雷电指发生于雷暴云（积雨云）云内，或者云与云、云与地、云与空气之间的击穿放电现象，俗称打雷，常伴有强烈闪光和隆隆雷声。

室外避雷要点：

第一，应迅速躲入有防雷设施保护的建筑物内，或者很深的山洞里面。汽车内是躲避雷击的理想地方。

第二，应远离大树、电线杆、高塔、烟囱等尖耸、孤立的物体。不宜进入孤立的棚屋、岗亭等低矮建筑物。一定要远离输电线。

第三，找一块地势低的地方，蹲下，双脚并拢，手放膝上，身向前屈。

第四，不使用手机，不打有金属尖端的雨伞，不宜把金属工具等物品扛在肩上。

第五，立即停止游泳、划船、钓鱼等水上活动，尽快离开水面及其他空旷场地。

第六，不宜开摩托车、骑自行车赶路，打雷时切忌狂奔。

室内避雷要点：

第一，一定要关好门窗，尽量远离门窗、阳台和外墙壁，不要靠近，更不要触摸室内的任何金属管线，包括水管、煤气管等。

第二，关闭电视等家用电器，拔掉所有电源线插头、闭路线，将其放置桌上，防止雷电从电源线、闭路线入侵。

第三，打雷时不宜洗澡，特别是太阳能热水器用户。

第四，发生雷击火灾时，要赶快切断电源，不要带电泼水救火，要使用干粉灭火器等专用灭火器灭火，并迅速拨打 119 或 110 电话报警。

特别提示：

第一，要远离可能遭雷击的场所。

第二，设法使自己及随身携带的物品避免成为引雷的对象。

第三，打雷时，注意人群不要集中在一起，不要牵手靠在一起。

12.3.6 冰雹

冰雹是指从强烈发展的积雨云中降落到地面的固体降水物，小如豆粒，大若鸡蛋、拳头。冰雹常与大风、雷雨同时出现。

避险要点：

第一，关好门窗，做好防雹和防雷电准备。

第二，居民切勿随意外出，确保老人小孩留在家中。

第三，对果蔬等作物采取一定防护措施，将家禽、牲畜等赶到带有顶棚的安全场所。

第四，妥善保护易受冰雹袭击的汽车等室外物品。

第五，如在户外，应立即到安全的地方暂时躲避，不要在高楼屋檐下、烟囱、电线杆或大树底下躲避冰雹。

特别提示：

在做好防冰雹准备的同时，要做好防雷电的准备。

12.3.7　大雾和霾

雾是悬浮在贴近地面大气中的微小水滴或冰晶，使水平能见度降低的天气现象。气象上把 500 米外的物体完全看不清的天气现象叫大雾；把大量极细微的干尘粒等颗粒物均匀地浮游在空中，使水平能见度小于 1 000 米，天空灰蒙蒙的现象叫霾。大雾和霾都使空气不干净，有害人体健康。

避险要点：

第一，减少户外活动，外出时，要适当防护，如戴上口罩。

第二，雾、霾中有多种有害物质，不要在雾、霾中锻炼身体。

第三，穿越马路要当心，要看清来往车辆。

第四，驾驶人员应打开雾灯，控制车速，保持车距；勤按喇叭，警告行人和车辆；及时除雾，切忌边走边擦。

第五，高速公路行驶的车辆遇大雾天气时，应减速慢行或驶入最近的服务区停靠。

第六，行驶的船舶要打开雷达，加强瞭望，注意航行安全。

特别提示：

第一，有呼吸道疾病和心肺疾病的人不要外出，尽量留在室内。

第二，在雾、霾天气下，锻炼的时间最好选择上午到傍晚前的空气质量好、能见度高的时段进行，地点以树多草多的地方为宜，而且应适度减少运动量与运动强度。

第三，出现雾、霾天气，早晨不宜开窗通风。

大雾天气下怎样驾车：

第一，控制车速，切忌开快车。

第二，打开前后雾灯，如果没有雾灯，可开近光灯，别开远光灯。

第三，勤按喇叭，警告行人和车辆。

第四，紧盯大车，勿忘方向。

第五，宁走中间，不沿路边。

第六，及时除雾，切忌边走边擦。

第七，在雾中停车，紧靠路边停放，最好驶到道路以外，打开雾灯，千万不要坐在车上。

12.3.8　道路结冰

道路结冰是指由于温度过低（低于10℃）导致地面出现积雪或结冰的现象。

避险要点：

第一，司机应注意路况，采取防滑措施，小心驾驶。

第二，行人出门要穿软底或防滑鞋，当心路滑跌倒。

第三，要注意防寒保暖，老、弱、病、幼人群尽量不要外出。

特别提示：

机动车要减速慢行，不要猛刹车或急拐弯，一定要服从交通警察指挥疏导。

12.3.9　大气污染

大气污染是指由于自然因素和人为因素，特别是人为因素（如工业生产、汽车尾气、居民生活和取暖、垃圾焚烧等），使得大气中有害气体及颗粒物等污染物质的浓度达到有害程度，从而影响人们的生活、工作，危害人体健康，直接或间接地损害设备、建筑物等。人口稠密的城市和工业区域，应该特别注意控制大气污染问题。

避险要点：

根据环境空气质量标准和各项污染物对人体健康与生态的影响来确定污染指数的分级，我国目前采用的空气污染指数分为五个等级，对人类的影响及其采取的措施如表12.1所示。

表 12.1 空气污染指数等级

空气污染指数	空气质量等级	空气质量	对健康的影响	建议采取的措施
0~50	一级	优	可正常活动	
51~100	二级	良		
101~150	三(1)级	轻微污染	易感人群症状有轻度加剧	心脏病和呼吸系统疾病患者应减少体力消耗和户外活动
151~200	三(2)级	轻度污染	健康人群出现刺激症状	
201~250	四(1)级	中度污染	健康人群中普遍出现症状	
251~300	四(2)级	中度重污染	心脏病和肺病患者症状显著加剧，运动耐受力降低	老人和心脏病、肺病患者应停留在室内，并减少体力活动
301~500	五级	重污染	健康人运动耐受力降低，有明显强烈症状，提前出现某些疾病	老年人和病人应当停留在室内，避免体力消耗，一般人群应尽量减少户外活动

特别提示：

第一，建议人们减少户外活动，外出时最好戴上口罩。

第二，提倡绿色出行，如多走路，多骑自行车，少开车。

第三，科学选择开窗时间。

12.3.10 森林火灾

森林火灾是指在森林燃烧中，失去人为控制，对森林产生破坏性作用的一种自由燃烧现象。森林可燃物、气象条件和火源是发生森林火灾的三大要素。森林火灾形成原因，除了人为原因外，主要有雷击起火、自燃起火等。

避险要点：

第一，要熟悉与火灾有关的安全标志。

第二，在雷电、大风等灾害性天气发生时，要及时关闭电源、煤气等容易引起火灾的引火之源。

第三，发现火情，及时拨打 119 火警电话。

特别提示：

第一，判明火情，正确选择逃生路线，迅速脱离火场。

第二，不可贪恋财物而在室内滞留。

第三，要用湿毛巾捂严口鼻，匍匐前行。

第四，不可乘电梯，不可盲目跳楼，不宜乱躲。

第五，在公共场所，不要乱挤乱跑，要有秩序疏散。

12.3.11　山区旅游避险须知

夏天，人们往往喜欢到名山大川旅游度假，合江县景区属于避暑胜地，每年都会接待很多游客。由于这个季节往往多雷电、暴雨等恶劣天气，必须提防山洪、泥石流等的危害。

在山洪、泥石流多发季节（比如夏季），尽量不要组织安排到山洪多发山区旅游。如果安排的话，最好聘请一位熟悉当地山区的当地人当向导。本地居民可以给外来游客提供热情友好的帮助，灾害发生时，积极帮助游客做好应急措施。

野外扎营时，应选择平整的高地作为营址，不要在有滚石和大量堆积物的山坡下或山谷、沟底扎营。

在沟谷内活动时，一旦遭遇大雨、暴雨，要迅速转移到安全的高地，不要在低洼的谷底或陡峻的山坡下躲避、停留。

特别提示：

第一，千万不要轻易涉水过河。千万不要在有山洪或泥石流的地方横渡。

第二，在山洪或泥石流发生前已经撤出危险区的人，暴雨停止后不要急于返回危险区住地收拾物品，应等待一段时间。